少儿环保科普小丛书

环保生态伦理

本书编写组◎编

U0243215

中国出版集团公司

世界图书出版公司

广州·上海·西安·北京

图书在版编目（CIP）数据

环保生态伦理／《环保生态伦理》编写组编. —广州：世界图书出版广东有限公司，2017.4
ISBN 978 - 7 - 5192 - 2821 - 7

Ⅰ . ①环… Ⅱ . ①环… Ⅲ . ①环境保护 - 青少年读物
Ⅳ . ①X - 49

中国版本图书馆 CIP 数据核字（2017）第 072173 号

书　　　名：环保生态伦理
　　　　　　Huanbao Shengtai Lunli

编　　　者：本书编写组
责任编辑：康琬娟
装帧设计：觉　晓
责任技编：刘上锦
出版发行：世界图书出版广东有限公司
地　　　址：广州市海珠区新港西路大江冲 25 号
邮　　　编：510300
电　　　话：（020）84460408
网　　　址：http：//www. gdst. com. cn/
邮　　　箱：wpc_ gdst@163. com
经　　　销：新华书店
印　　　刷：虎彩印艺股份有限公司
开　　　本：787mm×1092mm　1/16
印　　　张：12. 5
字　　　数：148 千
版　　　次：2017 年 4 月第 1 版　2019 年 2 月第 3 次印刷
国际书号：ISBN 978 - 7 - 5192 - 2821 - 7
定　　　价：29. 80 元

本书编写组

主　编：

　　史光辉　原《绿色家园》杂志社首任执行主编

编　委：

　　杨　鹏　阿拉善SEE生态协会秘书长

　　姜　鲁　生态中国工作委员会宣传办副主任

　　吴芳和　《中国大学教学》编辑部副主任

　　殷小川　首都体育学院心理教研室教授

　　高华程　中国教育报社资深编辑

　　尚　婧　中央电视台社教中心社会专题部编导

　　马驰野　独立制片人，原中央电视台《绿色空间》编导

　　凤　鸣　中央电视台科教节目制作中心编导

　　李　力　北京环境友好公益协会会长

　　程朝晖　成都市环保监督专员办公室监察处长

　　吕鹤民　北京十中生物高级教师

　　权月明　中华文化发展促进会研究员

　　王秦伟　上海世纪出版集团格致出版社副总编

执行编委：

　　于　始　欧阳秀娟

本书作者：

　　王晖龙　于　始

本书总策划/总主编：

　　石　恢

本书副总主编：

　　王利群　方　圆

目　录
Contents

1　第一部分　生态伦理基础知识

一、伦理、伦理学、生态伦理学的概念 …… 1

二、生态伦理学产生的背景 …………… 2

三、生态伦理学的内涵和特征 ………… 4

四、生态伦理学中的基本概念………… 10

五、生态伦理学的流派………………… 19

21　第二部分　学派观点一览

一、古典人类中心主义：人类比其他生物

　　优越………………………………… 21

二、现代人类中心主义：以人类的利益

　　为中心……………………………… 24

三、仁慈主义：从保护动物到善待动物…… 28

四、动物解放论：把道德关怀扩展到动物…… 31

五、动物权利论：动物拥有天赋权利……… 34

六、敬畏生命：生命本来就应该受到尊重…… 37

七、尊重自然：所有生物都拥有相同的

　　道德地位…………………………… 39

八、阿提费尔德的理论：生物都有价值

　　但不平等…………………………… 42

九、大地伦理：大地共同体应当受到尊重…… 44

十、深层生态学：人类的自我实现离不开
大自然 ················ 48

十一、自然价值论：大自然拥有客观价值 ··· 50

55　**第三部分　学科代表人物**

一、彼得·辛格 ················ 55

二、汤姆·里根 ················ 58

三、阿尔伯特·史怀哲 ················ 61

四、奥尔多·利奥波德 ················ 75

81　**第四部分　经典文章选读**

一、《所有动物都是平等的》 ················ 81

二、《关于动物权利的激进的平等
主义》 ················ 97

三、《我的呼吁》 ················ 116

四、《像山那样思考》 ················ 119

五、《诗意地栖息于地球》 ················ 122

六、《伦理学的扩展与激进环境主义》 ··· 146

157　**第五部分　建立和谐生态伦理**

一、建立生态制度 ················ 157

二、企业清洁生产 ················ 163

三、发展生态农业 ················ 167

四、公众参与环保 ················ 172

五、进行合理消费 ················ 176

六、控制人口规模 ················ 179

七、维护世界和平 ················ 183

八、建立自然保护区 ················ 185

九、进行国际合作 ················ 189

第一部分 生态伦理基础知识

生态伦理学是一门前沿性的学科，但它并不是一门深奥的学科，我们每个人都应该对它有所了解，尤其是生态伦理关乎我们对待自然的态度。不一样的生态伦理观念，就会对应着不同的行为习惯，一个人究竟应该持有怎样的生态伦理观念？这在很大程度上决定于我们对生态伦理本身了解多少。

一、伦理、伦理学、生态伦理学的概念

所谓伦理，就是指在处理人与人、人与社会相互关系时应遵循的道理和准则。伦理一般是指一系列指导行为的观念，是从概念角度上对道德现象的哲学思考。它不仅包含着对人与人、人与社会和人与自然之间关系处理中的行为规范，而且也深刻地蕴涵着依照一定原则来规范行为的深刻道理。

伦理学是关于道德的科学，又称道德学、道德哲学。伦理学以道德现象为研究对象，不仅包括道德意识现象（如个人的道德情感等），而且包括道德活动现象（如道德行为等）以及道德规范现象等。伦理学将道德现象从人类活动中区分开来，探讨道德的本质、起源和发展，道德水平同物质生活水平之间的关系，道德的最高原则和道德评价的标准，道德规范体系，道德的教育和

修养，人生的意义、人的价值和生活态度等问题。

生态伦理学，又称为环境伦理学，是对人与自然环境之间道德关系的系统研究。它是从伦理学的视角审视和研究人与自然的关系。对于怎样来定位生态伦理学、怎样看待生态伦理学的学科性质也有争论。

一种观点认为：生态伦理学是一种不同于传统伦理学的新的伦理学，是人际伦理学的转折，具体说来是对环境恶化进行哲学反思的学科，是一种全新的伦理观；是介于生态学和伦理学之间的独立学科，是揭示环境道德及其建构规律的学科；是研究人类与自然之间的道德关系的科学；是生态学和伦理学相互渗透形成的一门交叉学科；是一种把道德关怀扩展到人之外的各种非人存在物对象上的伦理学说，是一种全新的、革命性的伦理思潮。

另一种观点认为：生态伦理学是传统伦理学在生态问题上的应用，它没有任何根本性的变化，只是把生态、环境、自然当作人对人履行道德义务的中介；如果说它有什么新的特征，那就是它看到了伦理学还必须关注基于环境保护上的人的义务、基于自然可持续利用上的当代人对后代人的义务，而这恰是传统伦理学所忽略的地方。

二、生态伦理学产生的背景

近代工业革命以来，科技的进步使工农业生产以前所未有的速度向前发展，已突破了增长的极限。特别是"第二次世界大战"以后，各国为了增强实力、发展经挤，都加速了工业化的进程，掠夺式地开发自然资源。工业文明在给世界带来福音的同时，也给人类带来了深重的灾难。工业化和与之相伴随的城市化进程，带来了环境中的资源的大量需求和消耗，而大量的工业生产和城市生活的废弃物则排放到土壤、河流和大气中，最终造成了环境污染危机的多样化发展和全面爆发。

时至今日，全球环境日益恶化的总体趋势仍未从根本上得到遏制。地球上的植被还在被大面积地撕毁，它的肌体还在被成片地掏空；河流正在变得浑浊不堪，湖面上漂浮着死亡的阴影；我们那些不会说话的动物伙伴正在荒凉的大地上呻吟，在腐臭的污水中挣扎；植物正在浓烟滚滚的天空下枯萎，在污浊的空气中瑟瑟发抖；每天仍有约 140 个物种从我们的生命大家庭中消失。这使得生物多样性急剧减少，而生物多样性是地球 40 亿年生物进化所留下的最宝贵的财富，是人类社会赖以生存和发展的前提和基础。

人类生存所需要的食物和治疗疾病所需要的药物都来自地球上所生长的动物和植物。然而不幸的是，目前地球上的生物多样性正面临着前所未有的危机，即现在物种灭绝的速度已经大大超过了物种灭亡的自然速度。造成生物物种以如此超乎寻常的速度灭亡和濒危的原因只有一个，那就是人类的活动，如果人类不能限制自己那些危害环境的活动的话，就无法保护人类赖以生存的生物多样性。

在全球性的生态环境危机背景之下，一些有识之士开始了对人与自然关系的深刻反思，生态伦理学便应运而生了。

三、生态伦理学的内涵和特征

生态伦理学是环境哲学的一个分支，它们之间的关系和哲学与伦理学的关系一样，它解决的不是世界观和方法论的问题，而是在环境的框架下，研究人与人的关系、人与环境的关系，它是生态学思维与伦理学思维的契合。

西方的生态伦理学者在生态伦理学的定义上大致有两种说法：一是关系说，二是义务说。当然，定义的差异只是理论叙述的逻辑起点和观察视角的差异，而不是环境伦理学的理论对象的差异。不论从哪个角度来定义环境伦理学，任何一种环境伦理学至少要解答下面一些基本问题：

第一，义务的对象问题，即人对哪些存在物负有直接的道德义务？与此相关的是，人对人之外的其他存在物是否负有直接的道德义务？如果没有，理由是什么？如果有，根据又何在？适用于这个伦理领域的美好品格的标准和正确行为的原则是什么？它们与人际伦理原则有何区别？一个存在物获得道德关怀的根据是什么？

第二，自然存在物的价值问题，自然存在物是否只具有工具价值？它是否拥有内在价值？它们所具有的价值是主观的，还是客观的？

第三，非人类中心主义的生态伦理学还要权衡人对人的义务与人对自然的义务。如果这两种义务发生冲突，我们应根据什么原则来化解这种冲突？

第四，为上述问题的解答提供一个恰当的哲学方法论和世界观背景。

　　生态伦理学就是试图回答上述问题的智力探险。

　　关系说的代表人物是德斯查丁斯和泰勒。德斯查丁斯在其所著的《环境伦理学：环境哲学导论》一书中有这样的话："一般来说，环境伦理学是系统而全面地说明和论证人与自然环境之间的道德关系的学说。环境伦理学认为，人对自然界的行为是能够、且可以用道德规范来调节的。因而，一种环境伦理学理论必须要：说明这些规范是什么；说明人对何人何物负有责任；证明这些责任的合理性。"

　　泰勒认为："环境伦理学关心的是存在于人与自然之间的道德关系。支配着这些关系的伦理原则决定着我们对自然环境和栖息于其中的所有动物和植物的义务、职责和责任。"

　　关系说看到了人对自然存在物的行为所包含着的伦理意蕴，并把人与自然的关系确立为生态伦理学的关注对象，这揭示了生态伦理学不同于人际伦理学的一个根本差别所在。但是，关系说也存在着两个不足：一是它注重的是人与自然的关系，而环境伦理学所要着重讨论的却是用来调节这种关系的规范和原则，以及人对大自然的态度；二是关系说不能把人类中心主义纳入环境伦理学的视野，因为人类中心主义并不承认人与自然之间存在着任何道德关系。因此，关系说似乎过于狭隘。

　　义务说的主要代表人物是罗尔斯顿以及《环境伦理学：分歧与共识》一书的编者阿姆斯特朗和波兹勒。罗尔斯顿认为，从终极的意义上说，环境伦理学既不是关于资源使用的伦理学，也不

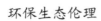

是关于利益和代价以及它们的公正分配的伦理学，也不是关于危险、污染程度、权利与侵权、后代的需要以及其他问题（尽管它们在环境伦理学中占有重要地位）的伦理学。孤立地看，这些问题都属于那种认为环境从属于人的利益的伦理学。在这种伦理学看来，环境是工具性的和辅助性的，尽管它同时也是根本的、必要的。只有当人们不只是提出对自然的合理利用、而是提出对它的恰当的尊重和义务问题时，人们才会接近自然主义意义上的原发型环境伦理学。阿姆斯特朗和波兹勒也认为，环境伦理学研究的是人类对自然环境的伦理责任。它与价值问题有关：大自然是否具有超出其满足人的需要的明显功能之外的价值？大自然的某些部分比别的部分更有价值吗？人对大自然和自然实体负有哪些义务？

义务说揭示了生态伦理学的"规范性品格"，而且也涵盖了人类中心主义（因为人类中心主义也承认人负有保护大自然的义务，只不过它认为这种义务只是对人的一种间接义务），但是它容易给人留下这样一个印象：人对大自然的义务与人对人的义务毫无联系，似乎我们可以离开人与人的关系来处理人与自然的关系。

作为一种正在兴起的新道德观和价值取向的理论表现形态，生态伦理学不是对现有的伦理学原则的简单应用，它对传统伦理学既有继承，也有创新，但创新多于继承。生态伦理学的主要特点是，把道德对象的范围从人和社会的领域扩展到生命和自然界。但是，这不是传统伦理概念的简单扩展，不是简单地把人际伦理应用到环境事务中去，也不是关于环境保护或资源使用的伦理学。

它是伦理范式的转变，是一种新的伦理学。生态伦理学至少具有以下几个特征：

第一，广延性。古典主流伦理学探讨的主要是人际义务，而且主要是生存于同一个时代中的人之间的义务。生态伦理学从两个方面拓展了伦理学的视野，一是使伦理学的关注领域从共时性的人际义务扩展到了历时性的代与代之间的人际义务，二是把对非人类存在物的义务即种际义务纳入了生态伦理学的关注视野。

第二，多学科性。人与环境的关系问题是许多学科都共同关注的主题。环境科学、环境美学、生态经济学、生态政治学、生态神学、文学都从各自的角度提出了关于人与自然关系的独特看法。这些学科各有自己的特点，有的较为强调理性、逻辑、客观性和规律性，有的则较为重视直觉、情感、想象、审美体验与宗教体验。这些学科的独特视角和科学方法都对生态伦理学产生了重要影响，同时，这些学科也把生态伦理学的某些价值取向当作自己的理论前提。生态伦理学与这些学科往往是相互渗透、相互影响的。许多生态伦理学著作都是由不同学科的学者共同撰写的。需要强调指出的是，生态伦理学所倡导的价值观和生活方式的最终实现，离不开环境科学（包括生态学）的帮助；只有用环境科学所提供的知识来武装自己，生态伦理学才能成为一门充满大智慧的成熟的伦理学学科。

第三，多元性。这表现为生态伦理学理论的多元性和文化的多元性。从诞生的那天起，生态伦理学就是一个多种思潮和观点相互交锋的领域。人类中心主义、动物解放/权利论、生物中心主义、生态中心主义都为环境保护提供了各具特色且具有一定道德合理性的理由。它们的理论出发点虽然各不相同，但是在"人负有保护环境的义务"这一点上却殊途同归，并在环境保护的伟大事业中发挥着自己的独特功能。环境保护是一项全球性的工程，而生存于不同文化传统中的民族又往往具有不同的"文化心理积淀"、价值观念和生活方式。生态伦理学必须要与不同的文化传统相结合，才能被生存于这些文化传统中的民族所接受；而要做到这一点，生态伦理学就必须以同情的态度理解这些文化、政治、经济、哲学和宗教传统，找到具有民族特色的文化表现形式。理论观点的多元性和文化视野的多元性，是生态伦理学保持其生命力与活力的前提。

第四，全人类性。生态伦理学的全人类性与其文化表现形态多元性并无矛盾。随着全球一体化进程的日益加深，"地球村"正在变成现实。任何一个民族给其生存环境带来重大而深远影响的行为，都将给其他民族的生活带来或好或坏的影响；反过来说，除非其他民族也加入到环境保护中来，否则，任何一个国家或民族的孤立的环境保护行为，都将收益甚微，甚至毫无结果。地球生态系统是一个整体，许多污染（如大气、河流的污染）无国界。因此，全人类必须要在环境保护问题上相互合作，达成某些价值共识，并把这些共识与自己的民族文化传统结合起来，找到适合自己国情的环境保护措施。

生态伦理学的全人类性的另一个含义是，生态伦理不是某些人的职业伦理，而是每一个人都应遵守的公共伦理。自然环境是人类的生存根基。每个人每天都要消费一定数量的商品，而这些商品的生产和销售都是以对自然资源的消耗为前提的。每个人的生存都对环境构成一种压力。如果我们每个人在日常生活中都能尽量减少那些不必要的消费，自觉选择那些低消耗的产品，那么，我们每一个人就能减轻自己对环境所构成的压力。把所有人的这种减轻环境压力的努力都集合起来，我们的地球就能拥有一个充满希望的明天。因此，保护环境是每一个人都应承担的义务。

第五，革命性。生态伦理学的革命性既表现在观念层面，也表现在实践层面。在观念层面，生态伦理学主要是非人类中心主义，对根深蒂固的人类中心主义提出了挑战，把道德义务的对象从人这一物种扩展到了人之外的其他物种和整个生态系统，即使是现代人类中心主义，也把道德关怀的范围从当代人扩展到了第二、三代人甚至更多。而无论是人类中心主义还是非人类中心主义，都超越了传统那种把本民族利益看得高于一切的狭隘的民族主义，而把全人类当作环境道德所关怀的"基本单位"。此外，生态伦理学还猛烈地批评了近代以来形成的那种崇尚奢侈的物质主义、享乐主义和消费主义，倡导一种与大自然协调相处的"绿色生活方式"。

在实践层面，生态伦理学要求改变目前那种以对能源的巨大消耗为前提的经济发展方式。有的生态伦理学家对资本主义与环境保护是否相容提出了疑问。比如，罗尔斯顿就认为，资本主义和个人主义的力量不会自发地促进对环境这类公共设施的保护，资本主义那种一味激发人们欲望的经济模式导致的是某种畸形的经济增长，并提高了人们对环境的消费胃口。为此，生态伦理学要求建立一种更有利于环境保护的公平的分配模式。在政治领域，生态伦理学要求以完整的生物区系为基础划分行政管理的单位和

政治共同体，强调全球意识和基层民主；主张以全球利益作为评判主权国家的外交政策的一个重要标准，反对军备竞赛，倡导和平；反对那些靠钻法律的空子谋取"合法利益"的损害环境的行为，鼓励人们以和平的方式抗议那些违背环境道德的行为。

四、生态伦理学中的基本概念

生态伦理学，既沿用了传统伦理学的许多术语，也创造了一些全新的概念工具。生态伦理学在发展过程中形成的各个流派，也都有其明确的主张，形成了各种类别。为了更好地理解生态伦理学，我们有必要对几个基本概念进行解释和说明。

1. 道德代理人

道德代理人，是指任何一种拥有这样一些能力的存在物，根据这些能力，该存在物能够做出道德的或不道德的行为来，能够承担某些义务和责任，并对其行为后果负责。这些能力包括：判断正确和错误的能力；权衡赞成和反对某些选择的道德理由的能力；根据这种权衡的结果作出决定的能力；拥有为实现这些决定所需要的决心和意志，为自己那些尚未履行义务的行为做出解释的能力，等等。很明显，并非所有人都是道德代理人；只有那些心理健全、具有一定理性的人才具备成为道德代理人的资格。那些不能用理性控制其行为的人（如婴儿、精神病患者、痴呆症患者）不是道德代理人，我们不能要求他们真正理解道德行为的全部含义，也不能要求他们承担其行为的道德责任。

2. 道德顾客

道德顾客，是指那些道德代理人对之负有道德义务和道德责任、且可以对之做出正确或错误行为的存在物。大多数生态伦理学家都认为，一个存在物要想成为道德顾客，它就必须拥有自己的利益、价值和目的。但对任何一个存在物的利益，不同的生态伦理学家（特别是非人类中心主义的生态伦理学家）往往有不同的解释。有的生态伦理学家则认为，一个存在物只要拥有自己的价值或天赋价值，它就有资格成为道德顾客。泰勒指出："对道德顾客来说，最具伦理意义的事实或许就是：道德代理人能够从道德顾客的角度看问题，并能够站在道德顾客的角度做出应如何对待道德顾客的决定。隐含在这一命题中的伦理含义是：把促进和保护道德顾客的完整存在（而非做出决定的道德代理人的福利）视为判断问题的标准。"

3. 道德地位

道德地位，是指一个存在物在道德代理人的道德生活中所占有的地位。按照汤姆·里根的说法："一个存在物拥有道德地位，并且仅当它是这样一个存在物的时候：在我们决定我们是否应该采取某个行动或接受某项政策时，我们会从道德上考虑这个行动或政策给该存在物所带来的影响。"也就是说，当我们把某个存在物自身的利益或价值当作判断一个行为或规则是否符合道德的一个因素时，该存在物就获得了一种道德地位，成为道德共同体的一个成员。道德王国中的所有道德顾客拥有平等的道德地位，都是道德王国中的成员。一个存在物的道德地位是对道德代理人的一种约束因素，它要求道德代理人必须要用道德来约束其对拥有道德地位的存在物做出的行为。

4. 天赋价值

天赋价值，也称为固有价值或内在价值，是指一个存在物只要把自己当作一个目的本身来加以维护，它就拥有天赋价值。而且这种价值是一个存在物从它存在的那天起就拥有的。里根和泰勒就是这样来理解"生命主体"和"生物的目的中心"的天赋价值的。他们使用这一概念的目的，是为突破西方伦理学（特别是康德的理论学说）只把人当作内在价值来加以维护的局限。西方生态伦理学所理解的"目的"是较为宽泛的。一个自然存在物，只要它拥有生物学意义上的自我繁衍能力、生态学意义上的自我维持倾向、控制论意义上的自动平衡功能，它就是一个拥有自身目的的、具有天赋价值的存在物。

5. 人类中心主义

人类中心主义，又称为人类中心论，它是西方传统的伦理思想，它把人类视为自然的征服者和统治者，把自然界排除在道德范围之外，认为道德是调节人际关系的规范，维护人的利益是道德的目的，而自然界则只是满足和实现人类欲望和需要的工具。人类中心主义的基本要点：只有人才是道德主体，一切非人存在者都不是道德主体。换言之，只需对人讲道德，对一切非人存在者皆不必讲道德，即道德关系只是人与人之间的关系，在人与其他存在者之间（或其他存在者彼此之间）不存在道德关系，只有人类社会才是道德共同体，任何其他存在者都不可能构成道德共同体。人类中心主义按照其形成时间，可分为古典人类中心主义（又具体地分为自然目的论、神学目的论、二元论和理性优越论几种论调）和现代人类中心主义。而现代人类中心主义内部，由于对待自然态度的显著差异，一般地区分为强式人类中心主义和弱式人类中心主义。

6. 自然目的论

自然目的论学说认为，其他自然存在物只具有工具价值，因而我们对它们不负有直接的道德义务，这种观点的代表人物是亚里士多德。

7. 神学目的论

神学目的论学说认为，上帝、天使、人、动物、植物与纯粹的物体组成了一个等级性的存在链；在这个存在链中，上帝是最完美的，人次之。其他存在物的完美程度取决于它们与上帝越接近的程度，而那些较不完美的存在物应服从那些较完美的存在物。中世纪的经院哲学家托马斯·阿奎那是其代表人物。

8. 二元论

二元论认为，人是一种比动物和植物更高级的存在物，因为人不仅具有躯体，还拥有不朽的灵魂或心灵，而动物和植物只具

有躯体。其代表人物是笛卡儿。

9. 理性优越论

理性优越论认为，只有人才是理智世界的成员，因而只有人（因其拥有理性）才有资格获得道德关怀。动物不是理性存在物，人们对待非理性存在物的任何一种行为都不会直接影响理智世界的实现，因而把它们仅仅当作工具来使用是恰当的。理性优越论是西方文化的一个源远流长的传统。在近代，康德是理性优越论的代表人物。

10. 强式人类中心主义

强式人类中心主义认为，人是整个生态系统的"中心"，是世界的绝对的"主人"，人有权任意支配、统治、处置一切非人类的自然物。强式人类中心主义是无条件地、机械地强调人类的至上性，强调人类是世界的唯一主宰，认为自然界的一切都是为了人而存在的，人类的需要和利益是决定其他自然物是否具有存在价值的标准。

11. 弱式人类中心主义

弱式人类中心主义认为，在生态系统中，人虽然居于主导地位，是管理者，但决不意味着人可以凌驾于自然之上，不守自然规律而随心所欲地驱使自然、安排自然。弱式人类中心主义在在处理人与自然的关系中，以全球意识、生态意识、可持续发展的意识等为具体的观念性构成要素。弱式人类中心主义关心人类的整体利益和终极价值，但也同时承认自然的权益及内在价值，这就把社会的发展和自然的发展有机地统一在了一起。

12. 动物中心主义

动物中心主义，是指把动物纳入到道德关怀的范围。人的活动除了会影响到其他人，同时也会不同程度地影响到动物，动物的权利问题是生态伦理学要讨论的具体问题之一，它被作为生态伦理学打破传统的人类中心主义道德体系的突破口。动物中心主义，最初是从人类中心主义中的动物保护思想中产生的，但与人类中心主义中的保护动物思想又有着显然的区别。尤其是以澳大利亚学者彼得·辛格为代表的动物解放论和以美国哲学家汤姆·里根为代表的动物权利论，确立了真正的动物中心主义。动物中心主义，是从人类中心主义中的动物保护思想脱胎，经历了近代的"仁慈主义"后，最终形成了动物解放论和动物权利论的伦理观点。

13. 仁慈主义

仁慈主义，是指人类应该善待动物，认为动物也应像人一样享有"天赋的权利"，因而也必须承认它们是权利主体。17～18世纪，欧美一些思想家提出了这种理论主张。

14. 动物解放论

动物解放论，是指将道德关怀拓展到动物，人类要把动物从附属的地位解放出来。其代表性人物是彼得·辛格，他所著的《动物解放》一书，把动物保护运动推向了一个从关注动物的福利到关注动物的权利的新的阶段，其理论的哲学基础是 18 世纪的杰里米·边沁的功利主义。动物解放论认为，感受苦乐的能力是拥有利益的充分条件，也是获得道德关怀的充分条件，由于动物能够感受到苦乐，所以动物应该获得解放。

15. 动物权利论

动物权利论，是指动物同样拥有一种天赋权利。其代表人物是美国哲学家汤姆·里根，他于 1983 年发表了《为动物权利辩护》，被认为是从哲学角度最彻底地反思"动物的权利"的著作。他认为，只有假定动物也拥有权利，我们才能从根本上杜绝人类对动物的无谓伤害。动物权利论认为，所有那些用来证明尊重人的天赋权利的理由都同样适用于动物。

16. 生物中心主义

生物中心主义，是指所有生物都应该被归入伦理关怀的范围。许多生态伦理学家认为，只将动物纳入道德视野还不够宽阔，对动物之外的生命还缺乏必要的道德关怀。生物中心主义认为，人类的道德关怀不仅应该包括有感觉能力的高级动物还应该扩展到低等动物、植物以及所有有生命的存在物身上。只有这样，人类才能超越任何类型的中心主义，不赋予任何存在物以本体论的优先地位，走向珍视万物的全新时代。生物中心主义主要分为史怀哲的敬畏生命的伦理理念和泰勒的尊重大自然的伦理思想。

17. 敬畏生命

敬畏生命，是指像敬畏自己的生命意志那样敬畏所有的生命意志，满怀同情地对待存在于自己之外的所有生命意志。阿尔伯特·史怀哲是其代表人物，他认为，善的本质是保持生命、促进生命，使可发展的生命实现其最高的价值；恶的本质是毁灭生命、伤害生命，阻碍生命的发展。

18. 尊重大自然

尊重大自然，是指人类应该认识到，人只是地球生物共同体的一个成员，与其他生物是密不可分的；人类和其他物种一样，都是一个相互依赖的系统的有机构成要素；每一个有机体都是生命的目的中心；人并非天生就比其他生物优越。保罗·泰勒是该理论的代表人物，他认为，只有通过抛弃人的优越性的观念，来接受物种平等的观念，才能实现对大自然的尊重。

19. 生态中心主义

生态中心主义，就是一种将道德关怀对象确定为无生命的生态系统、自然过程以及其他自然存在物的生态伦理学流派。生态中心主义认为，生态伦理学必须是整体的，即它不仅要承认存在于自然客体之间的关系，而且要把物种和生态系统这类生态"整体"视为拥有直接的道德地位的道德顾客。生态中心主义是基于自然世界具有内在价值的哲学前提，主要包含大地伦理学和深层

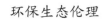

生态学，以及对两者均有继承和发展的自然价值论。

20. 大地伦理

大地伦理，是指一个真实的环境伦理，就是自然本身具有内在价值，而不是由于它对人类的生存和福祉具有意义，而且人类对自然世界有伦理责任。其代表人物是奥尔多·利奥波德，他认为人类应扩大社区的范围，涵盖土壤、水、植物和动物，整个说就是大地。人类只是这社区的成员之一，必须尊重与他一起生存的其他成员，而且要尊重生命联合体本身。而人只要生活在一个共同体中，他就有义务尊重共同体中的其他成员和共同体本身。

21. 深层生态学

深层生态学，是指整个生物圈都是平等的，每一种生命形式都拥有生存和发展的权利，若无充足理由，人类没有任何权利毁灭其他生命，要求人类要与共同体中的其他生命同甘共苦。挪威哲学家阿伦·奈斯于1974年创立深层生态学，她认为我们要保护所有物种，否定人类超越自然的态度。

22. 自然价值论

自然价值论，是指大自然本身就具有不依赖于人类的内在价值。人们对于大自然负有道德义务，这是以大自然具有的客观价值为基础的。霍尔姆斯·罗尔斯顿是自然价值论的代表人物，他认为价值就是自然物身上所具有的那些创造性属性，这些属性使得自然物不仅极力通过对环境的主动适应来求得自己的生存和发展，而且它们彼此之间相互依赖、相互竞争的协同进化也使得大自然本身的复杂性和创造性得到增加，使得生命朝着多样化和精致化的方向进化。

五、生态伦理学的流派

环境保护运动的伦理根据究竟是什么？我们为什么有义务维护生态系统的完整和稳定，保护其中的动物和植物？我们对自然存在物的义务是一种直接义务还是一种间接义务？我们究竟对哪些存在物负有义务？一个存在物获得道德关怀的根据是什么？针对这些问题的不同回答，产生了各具特色的思想观点。根据不同的标准，可以把这些观点区分为不同的生态伦理学流派。

根据传统的后果主义与道义论的标准，把西方生态伦理思潮区分为后果主义学派与道义论学派。

后果主义学派的特征是根据道德代理人的行为类型给道德顾客所带来的实际后果和影响来确定该行为类型的道德性质。道义论的特征是强调行为本身的善性和普遍性。

根据生态伦理学家关心的是作为个体而存在的自然物，还是作为整体而存在的自然物，而把生态伦理学区分为个体主义和整体主义学派。

个体主义学派的特征是把生物当作个体来观察，讨论其是否应该获得道德关怀。整体主义学派则是把所有生物构成的生物圈和整个生态系统当作考察对象，以对作为整体而存在的自然物，

给予道德关怀。

根据所确定的道德关怀的范围，生态伦理学可以分为人类中心主义、动物中心主义、生物中心主义、生态中心主义几个流派。这种分类方法也是生态伦理学流派分类经常使用的方法，我们在后面的介绍中就是按照这个分类来进行的。

人类中心主义学派的特征是认为人只对人自身负有道德义务，只有人才具备成为道德顾客的资格，人对人之外的其他自然存在物的义务，只是对人的一种间接义务；动物中心主义，则是要求把对人类的道德关怀扩展到动物身上；生物中心主义，是要求将地球上的所有生物都作为道德关怀的对象加以考虑；生态中心主义，则是从整体主义的角度，要求对整个生态系统加以关照。

第二部分 学派观点一览

按照道德关怀的范围，生态伦理学分为人类中心主义、动物中心主义、生物中心主义、生态中心主义几个流派，各个流派的生态伦理观念都有一个形成和发展的过程，其代表性的人物也都有着鲜明的见解和主张。

人类中心主义认为人只对人自身负有道德义务，只有人才具备成为道德顾客的资格；人对人之外的其他自然存在物的义务，只是对人的一种间接义务。人类中心主义按照其形成时间，可分为古典人类中心主义和现代人类中心主义。而现代人类中心主义内部，由于对待自然态度的显著差异，一般地区分为强式人类中心主义和弱式人类中心主义。

一、古典人类中心主义：人类比其他生物优越

古典人类中心主义的观念，可以追溯到古代欧洲思想家，苏格拉底曾说，思维着的人是万物的尺度，这其中就包含着以人类为本位来看待人与自然关系的思想。不过，这种观念的真正流行是在 17 世纪以后，近代科学技术的发展、启蒙运动的兴起、人道主义和理性主义思想的传播，使人类中心主义被进一步强化，特别是工业化的迅猛发展，人类以前所未有的规模和速度

向大自然开战。古典人类中心主义可以分为自然目的论、神学目的论、二元论和理性优越论几种论调。

自然目的论学说认为，其他自然存在物只具有工具价值，因而我们对它们不负有直接的道德义务。这种观点的代表人物是亚里士多德。

亚里士多德明确指出：植物的存在是为了给动物提供食物，而动物的存在是为了给人提供食物——家畜为他们所用并提供食物，而大多数（即使并非全部）野生动物则为他们提供食物和其他方便，诸如衣服和各种工具。由于大自然不可能毫无目的、毫无用处地创造任何事物，因此，所有的动物肯定都是大自然为了人类而创造的。

神学目的论学说认为，上帝、天使、人、动物、植物与纯粹的物体组成了一个等级性的存在链；在这个存在链中，上帝是最完美的。其他存在物的完美程度取决于它们与上帝接近的程度，而那些较不完美的存在物应服从那些较完美的存在物。

中世纪的经院哲学家托马斯·阿奎那曾明确宣称，在自然存在物中，人是最完美的存在物，上帝为了人本身的缘故而给人提供神恩；他之所以给其他存在物也提供神恩，仅仅是为了人类。因此，人可以随意使用植物，随意对待动物。圣经中虽然包含有要求人们关心动物和其他存在物的内容，但这种关心是基于对他人的关心；对动物的残酷行为之所以是错误的，是由于这种行为会鼓励和助长对他人的残酷行为。

二元论是一种把人与自然机械地进行主客二分的世界观，其代表人物是笛卡儿。在他看来，人是一种比动物和植物更高级的存在物，因为人不仅具有躯体，还拥有不朽的灵魂或心灵，而动物和植物只具有躯体。由于动物没有心灵，不会说话（说话以对概念的使用为前提），因而充其量只是一架自动机。作为纯粹的物质，动物只具有物质的属性：广延、体积、重量、形状等。它与无生命的客体并无区别。植物更是如此。

在笛卡儿看来，动物是无感觉、无理性的机器。它们像时钟那样运动，当我们折磨动物时，它们并未真正感到痛苦，它们只是表现得好像是在受苦。由于没有心灵，动物不可能受到伤害。相反，人具有灵魂和心灵，事实上，思想决定着人的机体。"我思故我在"是笛卡儿的基本原则。因此，那种认为我们应同情动物的观点是错误的。我们完全可以把动物当作机器（更不用说植物了）来对待。

理性优越论把人定义为一个理性的存在物，这是西方文化的一个源远流长的传统。在近代，康德是理性优越论的代表人物。

康德认为，只有人才是理智世界的成员，因而只有人（因拥有理性）才有资格获得道德关怀。动物不是理性存在物，人们对待非理性存在物的任何一种行为都不会直接影响理智世界的实现，因而把它们仅仅当作工具来使用是恰当的。在其伦理学讲演里，他告诉他的学生：就动物而言，我们不负有任何直接的义务，动物不具有自我意识，仅仅是实现一个目的的工具，这个目的就是人。我们之所以倡导对动物的温柔情感，是由于这有助于培养出对他人的人道感情。他认为，对理性存在物来说，理性本身就具有内在价值，它是一个自在地就值得人们追求的目标；因而只有拥有理性的存在物——人——才内在地是一个目的存在物，因而只有人才有资格获得道德。

二、现代人类中心主义：以人类的利益为中心

现代人类中心主义，是在 20 世纪 60～70 年代之后，世界范围内出现的生态环境危机，迫使人类重新认识和反思人类与自然之间现存的伦理关系，逐步形成的一种人与自然关系的观念体系。现代人类中心主义，得到了不少国家的官方认可。

1974 年，澳大利亚哲学家 J. 帕斯莫尔撰写的《人类对自然的责任》一书出版，这是当代哲学家最早以传统哲学观点反思环境问题的著作，也是现代人类中心论的代表作。帕斯莫尔指出，西方传统哲学思想中虽然存在着建立人与自然正确关系的道德萌芽，但传统哲学和宗教把人类视为自然界绝对主宰的观点是错误的，人类应该热爱和保护大自然。帕斯莫尔的伦理观念依旧是以人为中心的，认为自然本身并无内在价值可言，人类关注、尊重自然并对自然负有保护责任完全是人类的利益使然。

美国学者 G. 诺顿在 1988 年出版的著作《为何要保护自然的多样性》，是现代人类中心论新的代表作，书中不但论证了建立人类与自然和谐发展这一科学世界观的必要性，而且还提出了实现地球资源的代内公正分配和代际合理保留的观点，从理论上印证了 1987 年联合国世界环境与发展委员会对"可持续发展"理念所下定义的正确性——可持续发展是既满足当代人的需要又不对后代人满足其需要的能力构成危害的发展。

现代人类中心主义认为，人类是自然的主人，是自然的管

理者和受益者；人类比自然界具有更高价值，是道德关怀的主要对象；利益是人类行为的始点和终点，人与自然没有实现平等权利的共同基础。现代人类中心主义承认人类在终极价值尺度方面具有中心性，它认为人类自身的整体利益（包括人类的共同利益和长远利益）是人类实践选择的唯一的、终极的价值尺度，这一点是无法超越也不可能超越的；但它在科学上尤其是生态科学上又不承认这种中心性，认为人类在生态系统中不是至高无上的，人仅仅是生物圈中的一员，人和其他自然物种是一种"伙伴"关系。这样，人类就把自己降到了与自然界其他生物相平等的地位，这实质上是一种相对中心的地位。

现代人类中心主义特别强调，人类要维护自己在价值观方面的"中心性"，或要确保基本需要的实现时，必须同时维护自然的权益，重视生态系统的内在价值。尤其是在当今面临严重生态危机的情况下，人类要想保护自己，使自己得以持续发展，必须同时保护自然。或者说，保护自然权益，是当代人类保护自己并实现可持续发展的最基本的前提条件。当然，我们保护生态环境是为了人类的整体利益和基本的需要，为保护环境而保护环境。现代人类中心主义的核心观念主要是：

第一，人由于具有理性，因而自在地就是一种目的。人的理性给他一种特权，使得他可以把其他非理性的存在物当作工具来使用。强式人类中心主义认为，人由于是一种自在的目的，是最高级的存在物，而他的一切需要都是合理的，他可以为了满足自己的任何需要而毁坏灭绝任何自然存在物，只要这样做不损害他人的利益。弱式人类中心义则试图对人的需要做某些限制。

第二，非人类存在物的价值是人的内在情感的主观投射，人是所有价值的源泉；没有人的在场，大自然就只是一片"价值空场"。强式人类中心论认为，只有人才具有内在价值，其他自然存在物只有在它们能满足人的兴趣或利益的意义上才具有工具价值；自然存在物的价值不是客观的。弱式人类中心论则认为，自然存在物的价值并不仅仅在于它们能满足人的利益，它们还能丰富人的精神世界；有的人类中心论者甚至承认，自然物也拥有内在价值，人不是所有价值的源泉。

第三，道德规范只是调节人与人之间关系的行为准则，它所关心的只是人的福利。最理想的道德规范是这样一些规范，它们能在目前或将来促进作为个人之集合的人类群体的福利，有助于社会的和谐发展，同时又能给个人提供最大限度的自由，使他们的需要得到满足，自我得到实现。强式人类中心论认为，非人类存在物不是我们的伦理体系的原初成员，道德只与理性存在物有关；道德自律能力（用道德原则调节自己行为的能力）是获得道德权利的基础；非人类存在物不具有道德自律能力，因而认为它们拥有道德权利是不恰当的。自然有机体之间的行为是非道德的，它们对人做出的行为也是非道德的，因而人对自然有机体做出的行为也是非道德的。弱式人类中心论虽然承认人的优越性，但也承认其他有机体也是生命联合体的成员，这一事实本身就是我们有义务从道德上关心它们的根据；作为同一生命联合体的成员，我们与它们（至少是高等动物）之间的关系具有一定的伦理意蕴。弱式人类中心论或者主张套用"贵族与其臣民的关系模式"来理解和处理人与其他生物之间的关系，要求贵族（人类）承担起保护其臣民（非人类存在物）的高贵责任；或者主张把"己欲立而立人"这一道德金律推广应用到人与自然的关系中去：人希望自然怎样待他，人也应怎样对待自然。

强式人类中心主义是无条件地、机械地强调人类的至上性，强调人类是世界的唯一主宰。强式人类中心主义认为，人是整个生态系统的"中心"，是世界的绝对的"主人"，人有权任意支配、统治、处置一切非人类的自然物。自然界的一切都是为了人而存在的，人类的需要和利益是决定其他自然物是否具有存在价值的尺度。强式人类中心主义只看到了人的主宰地位，只看到了人的主体力量，只看到了人的物质需要、物质利益，而没有看到人所属的自然生态系统，没有看到人对非人世界的高度依赖性。

由于人类对自身至上性和唯一性的认识，自然地引出了强式人类中心主义的排他性和短视性特点。由于强式人类中心主义只看到人对自然的征服和改造，这就使得强式人类中心主义只关注人类而不关注人类赖以生存和发展的生态环境系统，只知索取而不知回报，完全将自然界视作自己任意宰割的对象。强式人类中心主义所关注的只是当代人的利益，或是是人的眼前的、可以看得到并能很快实现的利益，从而忽视了人的长远的或子孙后代的利益及其他方面的需求。

弱式人类中心主义在处理人与自然的关系中，以全球意识、生态意识、可持续发展的意识等为具体的观念性构成要素，并认为在生态系统中，人虽然居于主导地位，是管理者，但决不意味着人可以凌驾于自然之上，不守自然规律而随心所欲地驱使自然，安排自然。弱式人类中心主义关心人类的整体利益和终极价值，但也同时承认自然的权益及内在价值，这就把社会的发展和自然的发展有机地统一在了一起。

弱式人类中心主义在处理人与人的关系方面或在社会领域，是以整个人类的利益为中心，一方面是代内间人类的整体利益，一方面是代际间人类的整体利益，这两方面共同要求所有的国家和地区都协同发展的道路和可持续发展的道路。弱式人类中心主义奉行互利互惠的原则，即以互惠互利的观点来处理人与自然、人与人之间的关系，通过互利型思维方式来实现其向现实实践活动的渗透转化，这对改善和优化人与自然、人与人的关系，包括国家和国家、地区和地区、个人和个人、当代人和后代人之间的关系。

三、仁慈主义：从保护动物到善待动物

近代的"仁慈主义"，是从古典人类中心主义中的动物保护思想中逐渐发展出来的一种观点。仁慈主义主张人类要善待动物，这体现了人类道德的进步。人类道德进步的历史，就是一个人类把道德关怀对象不断扩大的历史，人类把道德关怀对象从人类扩展到人类之外其他存在物的第一个对象便是动物。动物的权利问题，是生态伦理学打破传统的人类中心主义道德体系的一个突破口。这是因为，人类自从诞生那天起，就和其他动物生活在一个大环境中。在日常生活中，人离不开动物的帮助，动物的影子在人类的精神世界中也随处闪现。此外，和人一样，大部分动物都有意识，是一个能做出选择的自主的生命，它们能够感受生命的

快乐和痛苦。

17～18世纪，欧美一些思想家提出"仁慈主义"理论，主张善待动物，认为动物也应像人一样享有"天赋的权利"，因而也必须承认它们是权利主体。

1641年，一位名叫华德的律师说服马萨诸塞（时为英国殖民地）当局制定了一项法律：任何人不得专制地或残酷地对待那些向来供人使用的牲畜，人有责任让它们定期地休养生息。

1693年，英国著名思想家洛克在《关于教育的几点思考》一书中也对笛卡儿的思想提出了质疑。在他看来，动物是能够感受痛苦的，毫无必要地伤害它们在道德上是错误的。他对许多儿童折磨和残酷地对待那些落入他们手中的小鸟、蝴蝶和其他可怜动物的行为表示担忧，因为折磨和杀死其他动物的这种习惯，甚至会潜移默化地使他们的心对人也变得狠起来；而且，那些从低等动物的痛苦和死亡中寻找乐趣的人，也很难养成对其同胞的仁爱心。他主张人们不仅要善待以往那些被人拥有且有用的动物，而且还要善待松鼠、小鸟、昆虫——事实上是"所有活着的动物"。

18世纪的约翰·布鲁克纳曾对英国在美洲新大陆的扩张表示担忧。他在《关于动物的哲学思考》（1768年）一书中怀疑，改变美国的荒野是否会打乱"生命之网"（布鲁克纳是第一个使用这个对后来的生态科学是如此重要的词语的人）和"上帝的整个计划"。他已经认识到，在开垦处女地的过程中，许多物种会受到严重伤害甚至会完全灭绝。完整的上帝创造物的减少令可敬的布鲁克纳感到担心，但他却回避了对这种行为的道德评价。

英国的杰里米·边沁是近代西方第一个自觉而又明确地把道

德关怀运用到动物身上去的功利主义伦理学家。他在写于1789年的《道德与立法之原理》一书中指出，一个行为的正确或错误取决于它所带来的快乐或痛苦的多少，动物能够感受苦乐，因此，在判断人的行为的对错时，必须把动物的苦乐也考虑进去。边沁反对把推理或说话的能力当作在道德上区别对待人与其他生命形式的根据。问题的关键应是它们能否感受苦乐。边沁据此认为，最不道德的行动就是带来最大痛苦的行动。

而与对较低形式的生命的残酷比起来，对神经系统最发达的人的残酷是更坏的行为，但是这种差别仅仅是数量上的。一个有道德的人或有道德的社会应该最大限度地增加快乐，并最大限度地减少痛苦，不管这种痛苦是人的痛苦还是动物的痛苦，他所处时代的开明人士对奴隶的解放的关注曾鼓舞了他对道德进步的信心。边沁说，我们已经开始关心奴隶的生存状态，我们得把改善所有那些给我们提供劳力和满足我们需要的动物的生存状况作为道德进步的最后阶段。对边沁来说，那些对人有益的动物（如马和鸡）所占据的伦理地位低于奴隶，但高于其他生命形式，他预言："这样的时代终将到来，那时，人性将用它的'披风'为所有能呼吸的动物遮挡风雨。"边沁所说的"披风"即指道德地位和法律保护。

19世纪的亨利·塞尔特将英国扩展伦理共同体的思想推到了顶峰。他在1892年出版的《动物权利与社会进步》是动物解放运动的理论总结，对英美后来的生态伦理思想产生了重要的影响。他认为，如果人类拥有生存权和自由权，那么动物也拥有。二者的权利都来自天赋权利，就动物而言来自动物法。他觉得在英美人的态度中缺乏一种与非人类存在物的真正亲属感，道德共同体的范围需要扩展。因此，他提出了一个卓尔不群的观点：如果我们准备公正地对待低等种属（即动物），我们就必须抛弃那种认为在它们和人类之间存在着一条"巨大鸿沟"的过时观念，必须认识到那个把宇宙大家庭中所有生物都联系在一起的共同的人道契约。他号召人们把所有的生物都包括进民主的范围中来，从而建立一种完美的民主制度，人和动物最终应该也能够组成一个共同的政府。因为并非只有人的生命才是可爱和神圣的，其他天真美丽的生命也是同样神圣可爱的。未来的伟大共和国不会只把它的福恩施惠给人，况且，把人从残酷和不公正的境遇中解放出来的过程将伴随着动物解放的过程。这两种解放密不可分地联系在一起，任何一方的解放都不可能孤立地完全实现。塞尔特还抨击了"气势汹汹"的工业神话，因为它为了让"悠闲的绅士和少妇能够用……借来的羽毛和皮毛装饰自己"而使数以万计的动物遭受灭顶之灾，并将那些游猎运动谴责为"业余屠杀"。他领导的仁慈主义者同盟经过十年的抗争，成功地解散了皇家逐鹿猎犬队。塞尔特在生态伦理学方面的重要贡献是把古老的天赋人权论与18～19世纪的自由主义结合起来，并把它直接应用于人与动物的关系，开启了当代动物解放论学派的生态伦理思想。

四、动物解放论：把道德关怀扩展到动物

彼得·辛格是动物解放论者的代表人物，他所著的《动物解放》便是一本极力主张将道德关怀拓展到动物的经典之作。辛格

的《动物解放》一书的出版把动物保护运动推向了一个从关注动物的福利到关注动物的权利的新的阶段，其理论的哲学基础是 18 世纪的杰里米·边沁的功利主义。在辛格看来，感受苦乐的能力是拥有利益的充分条件，也是获得道德关怀的充分条件。功利主义伦理学的两个基本原则是平等原则与功利原则。

平等原则要求的是每个人的利益都同等重要，因此，我们在选择自己的行为时必须要把受到该行为影响的每个人的利益都考虑进去，而且要把每一个人的类似利益都看得与其他人的类似利益同样重要。辛格认为，主张平等的理由，并不依赖智力、道德能力、体能或类似的事实性的特质。平等是一种道德理念，而不是有关事实的论断。辛格推论道：凡是拥有感受痛苦能力的存在物都应该给予平等的道德考虑，而由于动物也拥有感受痛苦的能力，所以，对动物也应该给予平等的道德考虑。

功利原则的基本内容是，在任何一个特定的环境中，道德上正确的行为都是那些能带来最大功利的行为。辛格用"感觉"来表达忍受或体验快乐的能力。一个具有感觉能力的存在物，至少有其最小利益，即体验愉快和避免痛苦的利益，或不忍受痛苦的利益。辛格承认对痛苦程度进行比较是困难的，进行动物之间比较尤其困难。然而，我们有些情况下应当限制仅仅为了自己的舒适而加重动物的痛苦，需要在对待动物的态度上来个根本的转变，包括饮食结构、农业方式、科学领域的实验方案，还有对荒野、狩猎、陷阱的看法和对穿戴动物皮毛的看法，还有对马戏团、围猎场及动物园等的看法。总之，大量的痛苦本是可以避免的。

辛格在其理论中确定的动物解放运动的基本目标为以下几点：

第一，释放被拘禁于实验室和城市动物园中的动物。辛格指出，以科学研究的名义而在动物身上所做的试验并非都是无可指责的。有些试验，比如通过电击动物以测定其刺激——反应能力是毫无必要进行的；有些试验比如在动物身上测试药物的疗效，则完全可以通过其他途径来完成。那种为了检验化妆品的安全性能而在动物身上超剂量使用的"德莱塞眼部刺激实验"，是为了人类的琐碎利益而拿动物的生命做赌注。把动物拘禁在动物园的囚室以使远离大自然的城市人观赏和嬉戏的做法，更是对生命尊严的亵渎。

第二，废除"工厂化农场"。辛格将那些以营利为目的的商业牧场称为"工厂化农场"。在狭窄、拥挤而黑暗的工厂化农场中，动物仅仅被当作一种产品，而非一个生命来对待。肉鸡的痛苦生长，蛋鸡在格子笼中的歇斯底里，猪的沮丧症候群，小肉牛的"全力生长"等等，无不揭示了动物的五项基本自由——转身、舔梳、站起、卧下及伸腿，都被无情地剥夺，而且还要经常遭到阉割、烙印、电昏、死亡、强迫进食或禁食的无情对待。动物的这种生存处境令辛格为代表的动物解放主义者们忧心忡忡。他们决心废除"工厂化农场"，为家禽、家畜争取到它们在农业文明时代所拥有的那种生存条件。

第三，素食主义。辛格认为，对肉类的嗜好，对营养的需要都不能证明吞食动物尸体的合理性，食肉主要是一个习惯问题。现代道德要求我们，避免给动物带来不必要的痛苦和伤害，要求我们力所能及地做善事。从这一重要的道德常识的角度看，吃肉是一种邪恶的行为。从营养角度考虑，食用豆类等植物比食用肉食更能有效地满足我们对蛋白质和其他营养品的需要。从更有效地为人们提供更多的食物的角度看，不把粮食用于喂养牲口将给世界的饥民提供更多的食品。因此，我们有伦理义务成为素食主义者，并拒穿动物皮毛制品，同时应积极倡议制定出禁止商业性的"动物生产"的法律。

第四，反对以猎杀动物为目的的户外运动。辛格指出，就像罗马贵族那种把基督徒训练成角斗士，并通过观看角斗士相互厮杀来取悦的行为是残酷而邪恶的一样，当代人那种通过猎杀动物来消磨业余时间的行为（打猎、钓鱼）也是错误的。

由于不同动物（包括人）的利益有时会发生冲突，因而动物解放论者提出了协调不同动物的利益冲突的"种际正义原则"，即在解决动物物种之间的利益冲突时，必须要考虑两个因素：一是发生冲突的各种利益的重要程度（是基本利益还是非基本利益）；二是其利益发生冲突的各方的心理复杂程度。种际正义原则的基本要求是：一个动物的基本利益优先于另一动物的非基本利益，心理较为复杂的动物的利益优先于心理较为简单的动物的类似利益。

五、动物权利论：动物拥有天赋权利

美国哲学家汤姆·里根于 1983 年发表了《为动物权利辩护》，被认为是从哲学角度最彻底地反思"动物的权利"的著作。他认为，只有假定动物也拥有权利，我们才能从根本上杜绝人类对动物的无谓伤害；并且对辛格从功利主义角度对动物的道德地位作出辩护不能认同。里根认为，动物解放论的两个理论支柱——功利原则和平等原则——两者之间存在着内在的逻辑上的不一致性。并且，最大限度地使快乐的总量超过痛苦的总量的功利原则，实际上是把个体当成了盛装快乐和痛苦的"容器"，似乎我们可以把这一个容器的"液体"（快乐和痛苦）"倒入"另一个容器中去，从而对这两个容器的液体进行加总和计算。在这样做时，功利原则看重的是容器中的液体（快乐和痛苦），而不是容器本身（动物个体）。因此，把对动物的道德地位的辩护建立在功利主义的基础上是不充分的。

里根的动物权利论师承的是康德式的道义论传统，他认为动物也像人一样拥有"一种对生命的平等的天赋权利"，所有那些用来证明尊重人的天赋权利的理由都同样适用于动物。"我们必须强调指出的真理是，就像黑人不是为白人、妇女不是为男人而存在的一样，动物也不是为我们而存在的。它们拥有属于它们自己的生命和价值。一种不能体现这种真理的伦理学将是苍白无力的。"也就是说，动物所拥有的天赋价值赋予动物一种道德权利：不遭受不应遭受的痛苦的权利和享受应当享受的愉快的权利。动物权利论主张人们应该将自由、平等和博爱的伟大原则推广到动物身上，动物权利运动是人权运动的一部分。

里根认为，我们用来证明人拥有权利的理由与用来证明动物拥有权利的理由是相同的。当我们说，每一个人都具有平等的道德权利，他的利益应得到平等的关心的时候，我们根据的是权利，而不是每个人都具有的理性、说话、自由选择的能力，因为某些人（如智障人士）不具有这些能力，我们并没有因此而否定他们的权利。这种权利是天赋的。它赋予人一种必须受到尊重的平等权利，即所有的人都内在地是一种目的，不能被当作工具任意来使用。如果一个人以一种不尊重这种天赋价值的方式对待他人，他就侵犯了他人的权利，他的行为就属于不道德的行为。

每个人之所以同等地享有这种权利，是由于每个人都具有"固有价值"。具有这种价值的存在物必须被当作一种目的本身，而非工具来看待。而人之所以拥有"固有价值"，在于人是"生命的主体"。

动物同样也拥有属于自己的内在价值，这意味着动物像人一样拥有受到尊重的道德权利，因而人们必须以尊重它们身上的天赋价值的方式对待它们，避免使动物遭受不必要的痛苦。当然，在大自然中动物之间的交往不存在谁侵犯谁的问题，因为动物不是为自己行为负责任的道德主体。只有人与动物打交道时，动物的权利问题才会显现出来，因为只有人才能够意识到动物的权利。里根也反对在实验室和畜牧业中残酷地对待或杀害动物。

玛丽·沃伦主张一种"弱式动物权利论"。与里根不同，沃伦认为，动物拥有权利的基础不是它们所拥有的天赋价值，而是它们的利益。动物拥有利益的前提是，它们能够感受快乐或痛苦。因此，所有拥有感觉的动物（而非里根所说的高等哺乳动物）都拥有权利。

沃伦指出，与动物的权利相比，人类权利的范围要广泛得多，也强烈得多；与人的死亡相比，动物的死亡是一种较小的悲剧，但这并不能证明动物没有生存权。

辛格和里根曾认为，如果把理性和道德自律能力作为区分人类与动物的道德地位的根据，那么，根据公平原理的要求，我们就得把非正常人或"准人类"（如胎儿、婴儿、痴呆儿或老年痴呆者）的道德地位视为与高等动物（它们的智力明显要比胎儿或痴呆儿高）相等。沃伦不同意这种观点，她认为非正常人拥有的道德权利与其他正常人相同，而且强于动物的权利。这是因为，人不仅是生命的主体，有能力且能够在道德的意义上把彼此视为具有平等的基本道德权利的存在物来看待，而且，人是有理性的存在物，能够听从理性的声音。同时人是具有道德自律能力的存在物，人的道德自律能力为人类享有较强的道德权利提供了某种勉强可以接受的理由。

总之，沃伦的观点是具有感觉能力的动物拥有道德权利，因为权利是设计来保护权利拥有者免遭伤害或保护他/它们的相关利益的。有感觉能力的动物能够被伤害或获得利益，它们能够喜欢或不喜欢发生在它们身上的事情，喜好某些生存状态。因而，至少在逻辑的意义上，有感觉能力的动物是道德权利的可能的拥有者。

六、敬畏生命：生命本来就应该受到尊重

敬畏生命的伦理观念，属于生态伦理中的生物中心主义学派。生物中心主义认为，宇宙内的万物都是神圣的，都有不可忽略的价值和尊严。人与它们的关系从根本上说是存在者与存在者的关系，而不是主体与客体、目的与手段、中心与边缘的关系。这就意味着人类应超越任何类型的中心主义，不赋予任何物以本体论

的优先地位，走向珍视万物的全新时代。生物中心主义认为，人类的道德关怀不仅应该包括有感觉能力的高级动物还应该扩展到低等动物、植物以及所有有生命的存在物身上。因为所有生命都是神圣的，它们都拥有自己的不依赖人的评价而存在的内在价值。

德国哲学家阿尔伯特·史怀哲的敬畏生命的伦理理念，和美国哲学家保罗·泰勒的尊重大自然的伦理思想，从两个不同的角度阐释了生物中心主义的基本精神。阿提费尔德也是生物中心主义立场的持有者，他的思想主要通过对生态伦理学领域的众多热点问题以及对各个生态伦理学流派的理论评述和批判体现出来。

史怀哲的敬畏生命的伦理理念，其基本要求是像敬畏自己的生命意志那样敬畏所有的生命意志，满怀同情地对待生存于自己之外的所有生命意志。他在《敬畏生命》中写道："生命意识到处展现，在我自身也是同样。如果我是一个有思维的生命，我必须以同等的敬畏来尊敬其他生命，而不仅仅限于自我小圈子，因为我明白：她深深地渴望圆满和发展的意愿，跟我是一模一样的。所以，我认为毁灭、妨碍、阻止生命是极其恶劣的。"

史怀哲认为，善的本质是保持生命、促进生命，使可发展的生命实现其最高的价值；恶的本质是毁灭生命、伤害生命，阻碍生命的发展。一个人，只有当他把所有的生命都视为神圣，把植物和动物视为他的同胞，并尽其所能去帮助所有需要帮助的生命的时候，他才是有道德的。当然，人的生命也值得敬畏。为了维持人的生命，我们有时确实得杀死其他生命。但是，我们只有在不可避免的情况下，才可伤害或牺牲某些生命，而且要带着责任感和良知意识做出这种选择。

敬畏生命的伦理可以帮助我们意识到这种选择所包含着的伦理意蕴和道德责任，它可以使我们避免随意地、粗心大意地、麻木不仁地伤害和毁灭其他生命。通过这种方式，敬畏生命的伦理能够引导我们过一种真正伦理的生活。

七、尊重自然：所有生物都拥有相同的道德地位

保罗·泰勒继承和发挥了史怀哲的生态伦理思想，提出了"尊重自然"的生态伦理理论。1981 年，他在《尊重自然》一书中提出"生命中心主义"。泰勒在《尊重自然》一书中写道："采取尊重自然的态度，就是把地球自然生态系统中的野生动植物看作是具有固有的价值的东西。"泰勒非常明确地指出是人去尊重自然，是人把地球自然生态系统中的野生动植物看作是具有固有价值的物，表明了人与自然、人的认识与客观存在、人的主观评价与自然的客观属性的统一。他指出尊重自然是指对自然的一种终极性道德态度，这是生态伦理的基本精神。因此他反对把扩张道德关怀对象的根据建立在功利主义的基础上。

泰勒认为感受性、利益只是一物被纳入道德考虑的充分条件，而不是必要条件，我们不能依据感受苦乐的能力或者利益来确定一物是否应该得到道德关怀。道德关怀的对象不应仅限于有感觉的高等动物，还应扩展到包括动植物在内的所有生命个体。这是因为这些生命本身具有自身的善和固有价值。

泰勒首先论证了所有有生命的物体都有其自身的善。泰勒相信这种"善"只是简单地来自生物有生命这个事实。"生命的

目的中心是说其内在功能及外在行为都是有目的的，能维持机体的存在使之可成功地进行生物行为，能繁衍种群后代，并适应不断变化的环境。正是一个有机体的这些旨在使其善成为现实的功能上的联系使得它成为行为的目的中心。"其目的就是生长、发展、持续和繁衍。"自身的善"也就是有机体的目的性。若一物拥有其"自身的善"，则与它是否有感觉、利益就毫无关系了，那它就拥有了"固有价值"。

所以，植物和一些低等动物是具有道德地位的，而无生命的物质却不具有道德地位。但是这并不意味着我们对自然环境的物理条件就可以随意破坏，因为"尽管我们对一条河没有责任，但我们对生活在其中的鱼和其他水生植物有责任，因此我们不能污染它"。泰勒的这一划分伦理界限的标准，常被学者们称为"生命原则"，也就是只有生物——有生命的存在物才有资格成为道德关怀的对象。这就是生物中心主义的重要内涵。

而宣称一个实体有"固有价值"，就等于说，这个实体应受到道德关怀。泰勒说："宣称一个实体有固有价值就是做出了两个道德判断：这个实体应受到道德关怀和道德考虑，亦即是说它应被视为道德对象；所有的道德代理人都有义务把它当作一个自在的目的，去增进或保护它的好（善）。"而尊重自然的态度就是将地球生态系统的动物、植物看作是拥有固有价值的实体，生物有固有价值被认为是尊重自然的价值前提。

尊重自然的道德态度包括三个方面的内容：第一，所有生物都拥有相同的道德地位，它们应该获得同等的关心和照顾；第二，每个生命都应该被视为一种终极目的来加以保护，不允许当作实现他人目的的手段；第三，道德代理人应该承担尊重自然的责任，履行尊重自然的义务。

泰勒认为人类只要承认动植物有"固有价值"，就可以形成一个以众生平等为特征的生物中心主义世界观。这一世界观围绕着四个中心信条。其一，人类与其他生命一样，在同样意义上同样条件下被认为是地球生命团体中的成员。其二，包括人类的所有物种是互相依赖的系统的一部分。其三，所有生物以其自己的方式追寻自身的善（生命信仰之目的中心）。其四，人类被理解为并非天生地超越于其他生命。

泰勒将人类看作是生态系统中的普通一员，其实就是认为人类与其他生物是平等的，物种之间没有优劣之分，在应享受道德关怀这一点上，每一个生命个体，无论是人还是动植物都是平等的，它们都应受到同等的尊重和拥有生存的权利。

为了使"尊重自然"这一终极性的伦理态度具有可操作性，泰勒还提出了四条环境伦理规范以及与这四条规范相应的环境伦理美德：

不作恶的原则——关照的美德；

不干涉的原则——尊重和公正的美德；

忠诚原则——诚信的美德；

补偿正义原则——公正和平等的美德。

我们有尊重其他生命的义务，也有尊重人的义务；人的福利与其他生命的福利常常发生冲突。为此，泰勒提出了五条化解这种义务冲突的伦理原则：

自我防御的原则，即人为了自身的安全，可以消灭对自己构成威胁的动植物。

对称的原则。这要求当人的非基本利益与动植物的基本利益发生冲突，并且这一非基本利益有悖于"尊重自然"的态度时，人必须放弃自己的非根本利益。

最小伤害原则，即当人的非基本利益与动植物的基本利益发生冲突，但这一非基本利益与"尊重自然"的态度一致时，人应该在尽量减少对动植物的伤害的前提下追求自己的利益。

分配正义的原则，即要求在人类和动植物共享同一个自然资源，且二者的基本利益相等的情况下，应该公正地分配资源，兼顾二者的利益。

补偿正义原则，即当某个生物有机体被伤害后，对该伤害行为负责的人必须对该伤害行为作出补偿，以修复道德顾客和道德代理人之间的道德平衡。

八、阿提费尔德的理论：生物都
有价值但不平等

阿提费尔德也是生物中心主义立场的持有者，其思想主要通过对生态伦理学领域的众多热点问题以及对各个生态伦理学流派的理论评述和批判体现出来。阿提费尔德的理论主张有一种博采众家之长的综合性，大体来说，主要体现在以下几个方面：

第一，无感觉生物的道德地位。阿提费尔德认为所有有感觉的生物和绝大多数无感觉的生物都具有道德地位，都应该受到道德关怀，也就是说基本上承认所有生物都具有道德上的重要性。

阿提费尔德认为，目的与利益同生命活动的能力或主体性联系在一起，不仅有感觉的动物存在着自己的利益，就是无感觉的植物也存在着自己的利益。没有感受性的树有营养和生长的能力，有呼吸的能力和自我保护的能力，它们的这些能力和性质决定了它们的利益。可以说，对于实现生命主体的目的所需要的环境和条件就是生物主体的利益，如食物、空气、水等就是满足动物生存目的必需的环境和条件。

第二，反对生物平等主义和整体主义。阿提费尔德的生态伦理学立场比较复杂，他基本上赞同生物中心主义将所有有生命的物体都纳入道德关怀的范围的观点，但却反对生物中心主义的另一重要内涵——生物平等主义。他对生物平等主义的反对集中体现在他对泰勒的批评中。阿提费尔德认为他的诘难已经使生物平等主义的不合理性充分地展现出来了：所有生物都具有内在价值并不意味着所有生物的内在价值都是平等的，就算所有生物的内在价值都是平等的，也不意味着所有生物的道德重要性是同等的。阿提费尔德还有一个鲜明的态度就是反对生态伦理学上的整体主义，对整体主义价值观的批判贯穿了他对很多问题的讨论。他认为，只有个体事物才有可能具有内在价值，而具有道德地位的事物不外是有其自身的善的个体事物。

第三，原则和有限性。阿提费尔德赞同辛格的利益平等原则，但是他认为辛格的这一原则必须应用于一个更广的生物范围，并且应用于更多样的利益。阿提费尔德的种际道德的总原则是：相同的利益应该给予相同的考虑，当较大能力的实现被危及时，较大能力得到有限考虑。

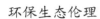
第四，发展与环境主义。发展和环境的关系是现代社会最重大的问题之一。阿提费尔德在进行了大量的生态伦理和价值论的理论探讨之后，将视线转向了这一具有实践意义的问题，尽管他仍然是偏重于从理论的角度来阐述这一实践问题。在现实的生活中，人们往往看到的是发展和环境保护之间的敌对关系。阿提费尔德提出，环境主义者应该支持发展，而发展主义者也应该支持环境主义。

九、大地伦理：大地共同体应当受到尊重

大地伦理的伦理观念，属于生态伦理中的生态中心主义学派。生态中心主义认为，人类应对整个生态系统予以伦理考虑，包括生物、非生物、生态系统和生态系统过程等。生态中心伦理是基于自然世界具有内在价值的哲学前提，通常包含大地伦理和深层生态学。

奥尔多·利奥波德是现代美国生态伦理学的开创者之一，他所提出的最重要的思想便是他在其著作《沙乡年鉴》中所阐述的"大地伦理"。此书售出上百万册，并被誉为"现代环境主义运动的一本新圣经"。在《沙乡年鉴》中，利奥波德明确肯定了各种生物以及生命联合体或生态群落的内在权利。在他看来，地球（即利奥波德所说的大地）不是僵死的，而是一个有生命力的活生生的存在物。人类和大自然的其他构成者在生态上是平等的，生物个体（包括人）在重要性上低于生物联合体。任何一个行为，只有当它有助于保持生命联合体的完整、稳定和美丽时

才是正确的，反之则是错误的。大地伦理学的作用就是把人种的角色从大地联合体的征服者改造成大地联合体的普通成员和公民，使地球从高度技术化了的人类文明的手中获得新生。

大地伦理的理论主张是，一个真实的环境伦理，就是自然本身具有内在价值，而不是由于它对人类的生存和福祉具有意义，而且人类对自然世界有伦理责任。利奥波德认为人类应扩大社区的范围，涵盖土壤、水、植物和动物，整个说就是大地。人类只是这社区的成员之一，必须尊重与他一起生存的其他成员，而且要尊重生命联合体本身。而人只要生活在一个共同体中，他就有义务尊重共同体中的其他成员和共同体本身。这种义务的基础就是：共同体成员之间因长期生活在一起而形成的情感和休戚与共的"命运意识"。

因此，道德情感是大地伦理学的一个重要基础。利奥波德说道："不能想象，在没有对大地的热爱、尊重和敬佩，以及高度评价它的价值的情况下，能够有一种对大地的伦理关系。"当然，大地伦理学不仅仅是一个情感问题。大地伦理的进化不仅是一个感情发展过程，也是一个精神发展过程，当伦理的边界从个人推广到共同体时，它的精神内容也增加了。大地伦理学把生物共同的完整、稳定和美丽视为最高的善，把共同体本身的价值视为确定其构成部分的相对价值的标准，视为裁定各个部分的相互冲突的要求的尺度。

利奥波德的大地伦理是一种典型的整体主义伦理学。他主张"像山那样思考"，也就是说客观地、以整体主义方式思考，而不是只从人的立场思考。他相信，每一个生命都是有价值的，就像在食物链上那样，都在系统中占有重要的地位。基于这种认识，利奥波德认为，如果某一存在物属于道德共同体，那么就应该给予平等的道德尊重。那种把物种区分为"好""坏"的观念，是人类中心主义和功利主义的偏见的产物。他指出，当我们说一个动物是"丑陋的"或"残忍的"时，我们实际上没有认识到它是大地共同体的一部分，即大地是个有机整体，每一部分都是不可或缺的。

整体主义的基本信念是整体大于部分之和。利奥波德相信，任何一个不可分割的存在，都是一个有生命的存在物。比如，取走狼的心脏，你就毁灭了一个比心脏器官的生命更大的狼的生命。消除了一个生态系统中的狼，你就改变了那个生物共同体（狼作为其组成部分）的本体。由此利奥波德发现，每一生物物种都对生态系统起着重要的作用，它们存在的价值和意义与人的好恶无关，而且，人的行为也应该遵从生命共同体的整体平衡和稳定这一最高原则，其行为的善恶取决于该行为对生命共同体贡献的大小。此外，土壤的侵蚀也会给生态系统带来类似的变化。

利奥波德的大地伦理学已将道德共同体扩及整个生态系统，宣称鸟、土壤、水、植物和动物都拥有生命权利。不仅如此，他强调大地共同体具有道德立场，因为大地不仅是土壤，还是流经土壤、植物和动物之回路的能量之源。物种和个体却只是"大地共同体"的成员。人类也只是生命共同体的一员，而不是自然的主宰。利奥波德认为，生态学应使我们把道德思考的焦点由个体转移到生物整体，即扩大道德共同体并不是简单地将其他个体（如动物、植物个体）视为道德主体，而是将整个生物共同体，即大地，当作道德主体。他用生态学中的"生命金字塔"去阐释其生命共同体，也称之为"大地金字塔"。在利奥波德看来，生态系统或生命共同体的完整、和谐与稳定是其所有成员的福祉，也是对生命最为重要的事情。据此他得出其大地伦理的涵义："一个事物，只有在它有助于保持生物共同体的和谐、稳定和美丽的时候，才是正确的；否则，它就是错误的。"

大地伦理学把生物共同体的完整、稳定和美丽视为最高的善，并不把道德地位直接赋予植物、动物、土壤和水这类存在物。利奥波德认为，由于多样性有助于共同体的稳定，因而属于珍稀和濒危物种的生物个体理应优先加以关怀。但他并不认为每一个生物都拥有"神圣不可侵犯的权利"，也不认为个体是唯一的终极性的"实在"，只有把整体还原为其个体才可理解。在他看来，并不存在独立于各种关系和联系的个体。

大地伦理学最不能同意的就是动物解放论那种把快乐和痛苦视为善恶标准的观点。在大地伦理学看来，快乐痛苦与善恶毫无关系。对动物来说，痛苦只是行为的一种信号，它预示着动物的某种行为或状态正处于某种危险的边缘，需要做某种调整才能使其机体处于最佳状态。一个感觉不到痛苦的动物，只是一个其神经系统的功能有缺陷的动物，这对于它的生存来说是非常不利的。快乐也只是伴随着某些行为的完成而获得的"奖励"，这些行为或有助于动物的生命的维持，或有助于动物群体的团结或后代的延续。而且，大自然就是这样一个世界，在其中，一个生命的存在总要以另一个生命为代价。越是高级的动物，所感受到的快乐和痛苦就越多。快乐和痛苦的体验是动物的生活的心理内容。生活就是为生命而担忧，去感受快乐中的痛苦和痛苦中的快乐，然后或迟或早地死去，这就是生态系统的运行原理。如果作为整体的大自然是好的，那么痛苦和死亡也是好的。

大地伦理学并不反对打猎，只要这种活动（不管是否是为了生存）没有危及生物共同体的稳定、完整和美丽。与动物解放论者对大自然中的痛苦的伤感主义的"软心肠"的态度不同，大地伦理学的捍卫者对动物的痛苦采取的是一种"现实主义者"的、超越的、"硬心肠"的态度。

十、深层生态学：人类的自我实现离不开大自然

深层生态学是生态中心主义中的另外一种重要伦理观点。挪威哲学家阿伦·奈斯于1974年创立深层生态学。奈斯认为我们要保护所有物种，否定了我们人类超越自然的态度。我们必须承认动物、植物和生态系统均具有内在价值，并非仅有工具性价值。例如热带雨林中的昆虫与植物的多样性应受到保护，并非这些生物可能产生抗癌物质，而是这种多样性具有自身的价值和存在的权利。同样的，河流和湖泊应有清洁的水，因为有清洁的水，人类方可使用于饮用及游泳，而鱼类也要享用清洁的水。

深层生态学包括两个基本的伦理规范：第一，每一种生命形式都拥有生存和发展的权利；若无充足理由，我们没有任何权利毁灭其他生命。第二，随着人们的成熟，他们将能够与其他生命同甘共苦。前一规范即生物圈平等主义，后一规范即自我实现论。

深层生态学的生物圈平等主义与生物平等主义的基本精神是

大致相通的，它的独特贡献是自我实现论。深层生态学所理解的"自我"是与大自然融为一体的"大我"，而不是狭隘的"自我"或"本我"。自我实现的过程，也就是逐渐扩展自我认同的对象范围的过程。通过这个过程，我们将体会并认识到：其一，我们只是更大的整体的一部分，而不是与大自然分离的、不同的个体；其二，我们作为人和人的本性，是由我们与他人以及自然界中其他存在物的关系所决定的。因此，自我实现的过程，也就是把自我理解并扩展为大我的过程，缩小自我与其他存在物的疏离感的过程，把其他存在物的利益看作自我的利益的过程。

　　深层生态学认为今日的环境危机是起源于现代人的价值观和生活方式。而现今所采取解决环境危机的方法是基于浅层生态学的。以人类中心伦理的肤浅方法解决污染和资源问题，这是无济于事的方法。深层生态学者认为环境危机的解除唯有凭借改变现代人的哲学观点、改变个人和文化的意识形态结构，培养生态良知，以及认识下列基本原理：地球上的人类与其他生物均有内在价值（或天赋价值），其他生物的价值不能以对人类是否有实用价值予以衡量；生命的丰富性或多样性是其内在价值的实现；人类没有权利减少生命的丰富性与多样性，除非为了自身维持生命的需要；人类生命与文化的繁荣只能容纳少量人口的存在；目前人类对非人类世界正进行激烈的干扰，且情况正继续恶化中；现有政策必须改变，这种改变影响经济的、技术的和意识形态结构的改变；意识形态的改变主要在赞赏生活的品质，而不是提高生活水准；赞同上述原理的人有义务直接地或间接地推动所需要的改变。

深层生态学者认为在自然界中，人类与其他生物具有同等的价值，而物种间的竞争是正常的、自然的和不可避免的。人类使用药物消灭蚊蝇和细菌就是一种自然的竞争，并不是人类超越自然及统治万物。但是人类技术的进步，常导致生态系统的破坏，侵害其他生物存在的权利。由于人类的生存赖于自然界众多生物间的互依关系，消灭了其他物种或摧毁了生态系统，人类本身的生存亦失去保障。因此我们人类并非超越自然，而是自然的一分子；我们人类必须学习谦逊，尊重自然。

十一、自然价值论：大自然拥有客观价值

美国哲学家霍尔姆斯·罗尔斯顿继承了利奥波德的大地伦理思想，对深层生态学的观点进行了发挥，创造性地提出了自然价值论，这一具有代表性的理论使环境伦理学进一步系统化。

以罗尔斯顿为代表的自然价值论者把人们对大自然所负有的道德义务建立在大自然所具有的客观价值的基础之上。在自然价值论者看来，价值就是自然物身上所具有的那些创造性属性，这些属性使得自然物不仅极力通过对环境的主动适应来求得自己的生存和发展，而且它们彼此之间相互依赖、相互竞争的协同进化也使得大自然本身的复杂性和创造性得到增加，使得生命朝着多样化和精致化的方向进化。价值是进化的生态系统内在地具有的属性，大自然不仅创造出了各种各样的价值，而且创造出了具有评价能力的人。

生态系统是价值存在的一个单元：一个具有包容力的重要的

生存单元。没有它，有机体就不可能生存。共同体比个体更重要，因为它们相对来说存在的时间较为持久。共同体的美丽、完整和稳定包括了对个性的持续不断的选择。因此，生态系统所拥有的不仅仅是工具价值和内在价值，它更拥有系统价值。这种价值并不完全浓缩在个体身上，也不是部分价值的总和，它弥漫在整个生态系统中。由于生态系统本身也具有价值———一种超越了工具价值和内在价值的系统价值，因而，我们既对那些被创造出来作为生态系统中的内在价值之放置点的动物个体和植物个体负有义务，也对这个设计与保护、再造与改变着生物共同体中的所有成员的生态系统负有义务。

罗尔斯顿强调指出，环境伦理是一个人的道德境界的新的试金石。一个人如果只捍卫其同类的利益，那么，他的境界并未超出其他存在物，他与其他存在物处于同一档次：仅仅依据自然选择的原理在行动。在与其他人打交道时，他是一个道德代理人；但在与大自然打交道时，他却没有成为道德代理人。他并不知道人的真正的完美性———对他者的无条件的关心。人应当是完美的道德监督者，他不应只把道德用作维护人这种生命形式的生存的工具，而应把它用来维护所有完美的生命形式。人的价值和优越性并不仅仅表现为拥有表达自己、发挥自己潜力的能力，它还包括我们观察其他存在物、理解这个世界的能力和自我超越的能力。在地球上，只有人才具有客观地（至少在某种程度上）评价非人类存在物的能力，人的这种能力应该得到实现———饱含仁爱的，毫无傲慢之气的。那既是一种殊荣，也是一种责任，既是赞天地之化育，也是超越一己之得失。

罗尔斯顿还提出自然界价值的多样性，为人类对自然界的深刻认识和道德关怀拓展了更为开阔的思路。自然的价值问题，在传统哲学和科学中是被忽略的，甚至是被否定的。因为按照传统的看法，自然资源是无限的，人们对它们的利用非常方便，唾手可得，这是大自然的恩赐，因而它是没有价值的。生态伦理学中的自然价值主要包括两个方面：一是自然的外在价值，即指自然物对人的有用性；二是自然的内在价值，即指自然界或生态系统的自满自足，也就是自然物之间彼此联结、相互利用而产生的动态平衡效应。

自然的外在价值就是指自然物所具有的工具价值，即在满足人的需求的前提下所具有的意义。在关于自然的外在价值的判定中，人的需要是起决定作用的，因为只有满足人的需要的自然物才具有价值。由于人的需要是多方面的，所以自然价值也呈多元性。具体地说，自然界对人的价值关系体现在：

第一，资源价值。自然界的一切并非为人类而生成的，但它的所有东西都可能为人类所用，它为人类的生产和生活提供了各种各样的资源。肥沃的土壤、大量的可食动植物以及众多具有医疗价值的动植物，为人类生活提供了现成的物质资料。而地球上的金属、煤炭、石油、森林、建筑用石、水力、风力、太阳能等则是人类的生产活动所必需的生产资料。

第二，美学价值。关于人的遗传密码的科学研究成果表明，人具有接触自然的需要。自然界的某些天然状态或景观能够引起人们精神上的愉悦，可以陶冶人们的思想、信念、意志和情操，可以成为人们艺术创作的源泉，有利于人类智慧和个性的自由发展。美是产生伦理感情的起点，人们对大自然的爱来自为它的美而动情的心理要求，并从而产生对它美的崇敬与追求。

第三，科学研究的价值。自然物是人类科学研究活动的对象。人类为了更好地认识和改造自然，总是不断地对自然进行科学研究。自然的属性及其发展规律是人类认识的永恒主题，具有永恒的科学研究价值。

第四，生态价值。自然界中任何生物都是生态系统中的一环或一分子，在生态系统中对生态平衡都具有不可替代的功能作用。自然生态平衡是人类生存和发展的根本前提条件，一旦破坏了自然的生态平衡，就会给人类带来灾难性的后果。

第五，未被发现或未被开发的价值。迄今为止，人类对自然界的认识仍是有限的，其中尚有大量的自然物的价值还未被人类所发现，特别是对生物系统，有许多价值远未被人们所认识和接受。

自然界除外在价值外，还存在着内在价值。它是指人与自然各自所具有的不以对方为尺度的价值形式。自然物在其坐标系统的共同体中，通过各自的作用，每一个物种对共同体的稳定和均衡发挥着特定的功能，并通过各自的物质循环、能量流向、信息交流等方式实现它的价值。

自然界本身有其内在价值，自然之物的价值不是由人类赋予的，而是它们的存在所固有的，自然之物的存在本身即代表了它们的价值，并且自然之物先于人类而存在，并不是依赖于人的存在而存在。自然界的每一物种在维持其生态系统的平衡中都具有不可替代的功能作用。在生物圈的时空范围内，各种植物、动物、微生物与自然环境编成目的与手段的立体交叉网络，保持着生物圈的生态平衡，它们具有内在的目的性和不可替代的内在价值。自然物之间的相互依存关系与人的价值评价无关，人类不能去规定它。

第三部分　学科代表人物

从人类中心主义到生态中心主义，我们看到了生态伦理观念发展的一个过程。在这个过程中，一些典型人物起了关键性的作用。下面我们就选择几位有代表性的人物，展示其人生的经历和对生态伦理的实践过程。

一、波得·辛格

彼得·辛格，1946年出生于澳大利亚的墨尔本，他在墨尔本大学学习法律、历史和哲学，又在牛津大学追随海尔研究哲学。辛格是著名伦理学家，曾任国际伦理学学会主席，1977～1999年，他在墨尔本的莫纳什大学担任教授，后又担任普林斯顿大学的生命伦理学教授一职。

1973年4月5日，彼得·辛格在《纽约书评》上撰文，首次提出"动物解放"一词。辛格在这篇文章基础上写成的《动物解放》一书，于1975年出版，"动物解放"一词由此深入人心，并成为30多年来风起云涌的动物权利运动最为响亮的口号。《动物解放》一书从1975年出版以来，被翻译成20多种文字，在几十个国家出版。英文版的重版多达26次。

几十年来，辛格一直与旨在世界范围内消灭贫穷、保护环境、改善动物生存环境和争取自愿安乐死合法化的组织合作。当他还在墨尔本上学时就参加了反对越战的抗议活动，这一经历促使了他写成第一本书《民主和不服从》。

在牛津大学读书时，辛格就关注动物的生存状况，并成为动物解放运动的倡导者。他积极参加政治生活，是澳大利亚参议院绿党的一名候选人。辛格的道德哲学直接和他献身于一种伦理生活相联系。《动物解放》这本书是他对动物解放运动的重要哲学贡献，被认为是"动物解放运动的圣经"。《实践伦理学》一书也被译成多种文字，并被选入世界一百本最重要的哲学著作。辛格也被誉为"当代最有影响的在世的哲学家"。

辛格认为人们应该不仅仅为此刻活着，也不仅仅根据个人喜好活着，而是去过一种具有更广意义的生活，它要求献身于所有有感受能力的生命的福祉和环境保护之中。在《我们要如何去活？》一书的前言，辛格对他是怎样开始伦理学研究这样解释到：

当我还是墨尔本大学的研究生时，我就对这本书的主题产生了兴趣。我的硕士论文的主题就是"为什么我应该是道德的？"。其后我在英国、美国和澳大利亚的大学里花了25年的时间研究和教授伦理学和社会哲学。在那个时期的早些时候，我参加了反对越战的活动，它构成了我的第一本书《民主和不服从》的背景，它是关于不服从不义法律的伦理问题的探讨。我的第二本书《动物解放》则是讨论我们对待动物的方式在伦理上是站不住脚的。这本书在促进动物解放成为世界范围的运动的产生和发展中发挥了作用。

辛格的伦理学的实践性非常强。他的论著《道德专家》是实践伦理学的开山之作，勾勒出了伦理学发展的新时期。辛格的伦理学是建立在普遍道德原则基础之上的。这些原则被泛泛地阐述为功利主义原则。他更关注行为的结果而不是动机或遵守规则。

当辛格提出他的实践伦理学时，他是在向伦理学的整个传统挑战，而不仅仅是否定当时的伦理学正统。辛格对实践伦理学的强调和他对伦理生活的理解在关注焦点和途径上都与古典的道德理论明显地区别开来，立足于一种排除形而上学体系和哲学的先验思路的全新根基，辛格指出2500年来的哲学没有给我们留下任何能被普遍接受的伦理哲学。

辛格的观点并不是出自他对现实的迫切需要的回应。在寻找对现代道德问题的解决方法时，他诉诸从柏拉图、阿奎那、边沁和西季威克直到海尔悠久的道德哲学传统。比如，他的第一本书《民主和不服从》中，在考虑触犯法律是否是正当的问题时，辛格参考了苏格拉底在《克里托篇》所论及的守法的种种理由。在讨论何种程度上我们有道德责任去帮助那些需要帮助的人时，他引用阿奎那的话说："所有富裕的人出于自然的权利都应把剩余的一切东西送给生活困难的穷人。"他保留和重铸了金规则的基本洞见，重新肯定了价值普遍性的重要性，并强调在我们所有的伦理探察中理性的不可或缺性。辛格的方法不是简单的折中主义。

辛格对哲学的研究并不是局限于思想的某一派，而是广泛地把自然和社会科学、文学和哲学的整个传统融合了起来。辛格研究伦理学方法的一个长处是，他把诸多立场的道德洞见整合起来，而又没有落入漫无边际的说教。在他的实践伦理学中有一种内在一致性和一种充分发展的前后一致的道德立场。辛格对道德哲学的贡献在于他把宗教洞见、道德哲学和进化论强有力地综合在一起，并在哲学上达到了一种稳健的实践伦理学。辛格深深的道德责任感和他清晰、迷人的风格足以说明他何以在学院哲学和普罗大众中产生了广泛的影响。

辛格哲学的特色不仅在于他坚持不懈地把伦理推理、减少痛苦和灾难的价值付诸实践，还在于他对扩展伦理思考的能力。辛格对生物学、历史学、人类学、经济学和博弈论所积累的伦理相关性证据的评价丰富和阐明了在何种程度上伦理的理论和实践可以被事实赋予活力。

二、汤姆·里根

汤姆·里根，1938 年 11 月 28 日出生于宾夕法尼亚州匹兹堡，是美国专门研究动物权利理论的哲学家。里根 1960 年毕业于特尔学院，1962 年获文学硕士学位，1966 年于弗吉尼亚大学获哲学博士学位。他从 1967 年起在北卡罗莱纳州立大学教授哲学，直到 2001 年退休。

里根虽然是动物权利的首倡者，但他并不是一开始就有这样的想法。里根在自己的一本书中叙述了自己念书时在屠宰场里打工，肢解动物尸体而毫不犹豫；如何为了爱妻南希的生日而买了一顶皮草帽子，心里还在慨叹自己无力购买一件皮草大衣；如何天天吃肉、常常逛动物园、看马戏团表演等等。然而，他又是如何走上倡导动物权利的道路的呢？

里根和他的妻子南希参与了反对越战的活动，而里根作为一个哲学家试图为反战运动找到一个牢固的理论基础。他在此过程中读到了甘地的自传，甘地的非暴力世界观让年轻的他深为不安。他隐隐约约看到了一个自己将无法不接受的观点，那就是如果对人类的暴力是错误的，那么对其他动物的暴力显然也是错误的。然而如果他无法否定这个想法的话，他就不得不大大地改变自己的生活。这让他在理性和习惯之间苦苦地挣扎。

与此同时，他和南希的爱犬格莱寇去世了。因为格莱寇比他们夫妇的孩子还要更早加入这个家庭，它从来就被当作他们的第一个孩子看待。在极度的伤痛之中，他深深体会到如果换了另一只狗或者猫，他一样会深切地爱它，而那些被人们养做宠物的猫狗与被养做食物的猪羊又有什么本质上的差别呢？如果你认识了一只牛或一只猪或一只鸡，你同样可以和它建立深厚的友谊，你也会同样地爱它们，关心它们。就是这样，甘地和格莱寇一起成功地劝说了他成为一个素食者。一旦翻越了这个山峰，余下的就是一路易走的下坡了。里根通过撰写《为动物权利辩护》一书，在康德的道义论基础上发展了自己的动物权利论，从而开辟了动物哲学的一片新天地。

《为动物权利辩护》一书被认为是显著影响了现代动物解放运动的少数研究成果之一。在《为动物权利辩护》中，里根认为非人类动物是道德权利之拥有者。他的哲学观主要属于伊曼努尔·康德的传统，但他抛弃了康德的尊重纯粹是因为理性存在者的想法。里根指出，我们通常把具有内在价值从而受到尊重的权利，赋予包括婴儿和严重智力障碍人士在内的非理性人类。他主张非人类动物和人类一样，都是他所说的"一个生命的主体"，如果我们想把价值赋予所有人类，而不考虑他们是否具有理性行为者的能力，那么相一致的，我们也必须类似地将权利赋予非人类。

里根主要是通过撰写书籍、演讲和辩论来宣传自己的动物权利观点。里根和他的妻子南希共同成立了一个"文化和动物基金会"。通过"文化与动物基金会"，他们资助了数百位在历史学、人类学、法律、艺术等文化领域为动物工作的人士。另外，里根也是一位制片人，他拍了一些关于动物的影片以触动大众。

他也是一位将反对虐待动物的理论付诸实践的人。1984年，当宾州大学医学院汤姆斯·金纳瑞利博士的头部伤害试验室里残害动物的真相曝光，引起了社会大众的强烈抗议。1985年7月15日有100多人在为金纳瑞利提供经费的国家卫生研究院的办公室中静坐抗议。里根教授当时也参与了那次的静坐抗议。静坐抗议最终致使政府部门决定结束这个实验。

2004年，里根出版了《打开牢笼：面对动物权利的挑战》，这本书受到欧美动物保护人士的一致好评，被誉为是动物权利运动的最佳入门读物之一。书中没有用太多深刻的哲学推理，而是以平实的语言向一般民众解释了动物权利的基本概念以及动物权利运动。

在这本动物权利入门读物中，根据人们的动物良知的觉醒过程，里根把动物权利人士们分为"达文西人"、"大马士革人"和"得过且过人"。所谓"达文西人"是指那些生来就对动物有着深厚感情，而且从没有把动物想成工具的人（据说达文西就是这样的人）；所谓"大马士革人"是指那些由于某个特殊机缘而在刹那之间"睁开了慧眼"的人，这个名字来源于圣经故事：圣保罗在去大马士革的路上遇见了耶稣，由此而一举悟道成了耶稣的信徒；第三类，也是数量最多的，则是摇摇摆摆、磨磨蹭蹭，一点一点地慢慢理解了动物权利的概念的"得过且过人"。

里根教授称自己就是第三类人中的一员。而他这本平实易读的书就是写给这第三类人看的。里根教授以自己的经历告诉那些对动物保护持怀疑态度的人们，大部分动物保护人士并非天生怪胎。他们就是你身边那些普普通通的一般人，有着各式各样的生活背景、政治倾向、宗教信仰；他们来自世界各个国家，有着各种颜色的皮肤。他们只是比你先行一步，看到了山另一边的开阔景致而已。里根教授进一步为一般大众分析了为什么人们常常会对动物保护人士怀有偏见。其中的原因有来自利用动物的那些企业的蓄意中伤，来自媒体的有欠公允的报道，也有来自动物权利运动本身的一些错误。

里根认为，动物保护是一次"长征"，需要很多人奉献一生的精力。

三、阿尔伯特·史怀哲

史怀哲，1875 年出生在德国阿尔萨斯的一个小镇西泽堡的一个牧师家庭。史怀哲自幼就是一个在道德上十分敏感的人。读小学时，村里的年轻人嘲弄犹太人，他也跟在后面。但是当犹太人毛瑟对此保持沉默，有时也朝着他们尴尬而友好地微笑时，"这种微笑征服了我，我第一次从毛瑟那里学到，什么是在受到迫害时保持沉默"。此外，作为牧师的孩子，家境相对宽裕。一次，史怀哲和村子里一位高大强壮的顽童打架，最终竟然将对方制服在地。顽童不服，愤怒地对史怀哲说："我输给你是没有办法，如果我也像你每周可以吃到两次有肉的汤，我才不会输给你！"回家的路上，他忽然意识到原以为村子里的少年都是自己的好朋友，其实在骨子里却对他另眼相待。从此，他不喝肉汤、去教堂不穿漂亮的大衣、不买时髦的水兵帽等等。总之，史怀哲不愿意自己与村子里的其他男孩显得两样，为此让父母很难理解，他也吃了不少苦头。

成长到青少年时代，史怀哲的爱心首先表现在"为在世界上所看到的痛苦而难过"上。各种动物遭受到折磨使他难受；人们不为动物祈祷，使他迷惑不解；为了阻止同学用弹弓伤害小鸟，宁可被同学嘲笑；为打了狗而内疚；为骑累了马而不安；甚至有了阻挡别人钓鱼的勇气……他正是在这种震撼心灵并经常感到惭愧的经历中，逐渐形成了自己不可动摇的信念：只有在不可避免的条件下我们才可以给其他生命带来死亡和痛苦。

史怀哲有两个妹妹和一个弟弟，父亲只是小乡村的牧师，收入有限。因为家里无力支付读普通中学的住宿和生活费，史怀哲选择了入读职业中学。他在小学时成绩只是中等，但村镇里的人大多贫穷，能供子女上职业中学的家庭也不多，看到很多学习出类拔萃的少年早早地离开校园，他感到深切的同情。在职中读了一年后，得到叔公的资助，他才有幸转入普通中学。

史怀哲进入大学后，决定一口气念神学、哲学和音乐的课程。不论多么艰难的问题，都全力以赴、日以继夜，达到了废寝忘食的地步。加上家境不好，不得不极端俭省，常常靠一杯白开水与一片面包来打发一餐。有几次在音乐老师那里练琴时，体力不支，心神恍惚，几乎晕倒。为此，老师大为不满，甚至劝他放弃神学和哲学，专攻音乐。史怀哲从小在音乐方面极有天赋，当时的管风琴巨擘魏多把他当作自己的衣钵传人。当时的德国大学，不像今日许多大学一样经常地进行考试，学生没有繁琐的课业，能够专心地埋头于自己的研究，这对史怀哲是极值得庆幸的。到25岁，史怀哲已经成为了一个享有声望的管风琴演奏家和巴赫研究家，同时又是神学博士、哲学博士。

大学期间，他也常常思考自己的人生。世上有不少人毫无理由就落入不幸，受到命运的虐待，我该做些什么呢？他希望去分担遭受不幸的人们的痛苦，却又难以割舍做学问、学音乐的喜悦，当这两种截然不同的思绪在心中交战时，他实在不知如何是好。就在他21岁那年夏天的一个早晨，《圣经》上的几句话浮现在脑海："只为自己活着的人将失去生命，只有为了福音献身的人，他才能永生。"

他忽然明白了耶稣说这句话的意义。除了外在的幸福，人生还应获得内在的幸福。他决定在30岁以前为学术和艺术而活；30岁以后，将献身于一项直接为人类服务的事业。至于到时采取什么样的方式并不明确，对此，他把它留给到时所处的境况来决定。

史怀哲大学毕业后成为一名牧师，帮助更多的年轻人树立美好的信仰。后来又成为大学的神学讲师以及神学研究所的所长。从1898年至1908年的十年间，共出版书籍8本，其中1905年，出版法文版《巴赫论》，被认为是自有巴赫的研究书籍以来的最高水平的著作，也使他在音乐界一夜成名。其后，又出版过6本书，有多本书被翻译成多种文字在世界各地出版。

史怀哲在公益事业上的最初打算是在欧洲服务，想收容和教育被遗弃或无人照管的孩子，并要求他们今后也承担起相同的义务。1903年，他已经有条件去尝试为这样的孩子们做些事情，可有关机构根本不允许志愿者参与此事。一次，当斯特拉斯堡孤儿院失火后，他向院长请求暂时收留几个孩子，也遭到拒绝。此外其他的尝试也均告失败。有一阵子，他考虑今后为流浪汉和刑满释放者提供服务，在一定程度上也做了相应准备。

1904年秋天的一个早晨，读到巴黎传教士杂志上一篇标题为《刚果传教团迫切需要什么》的文章，加深了他对生活在非洲黑暗大地的被殖民统治受尽欺凌迫虐的不幸民族的了解，了解到由于教会人手不足，在非洲加蓬救济土人的工作，几乎无法着手。这一刻，他便下定决心，要去非洲，并且以一个医生的身份去。他完全不懂医学，为什么有这样的计划呢？他想不仅靠语言，更靠行动来传播爱。非洲土人医疗落后、环境恶劣，去行医是最恰当的方式。要当医生需要从头学起。而且到非洲去医治土人，光学一些专门的科目是不够的，必须当一名万能医生，才能应付那种局面。这对于一个30岁的人来说，是一个很大的挑战。不安和迷茫也曾掠过史怀哲的脑际，可他发下了重誓，凭借自己的健康与毅力，一定要完成这个心愿。

1905年10月13日，他向双亲以及若干亲近的人发信告知了自己的决心。很快，引来了一场可怕的冲击。几乎所有的人都反对他，认为他辛勤奋斗许多年而得来的今天的一切，却要去放弃，实在愚不可及。人们认为为非洲野蛮人服务，实在不必由天才来做。史怀哲应该献身于学问和艺术的世界，这才是他对人类的最大贡献。把他当亲生儿子看待的魏多老师，发疯一般地向他怒吼："我倾注那么多心血把风琴弹奏的所有技巧教给你，是希望你传给后世的。你却要把风琴丢弃，跑到非洲食人族的地方去，你去了又能怎样？能为他们做些什么？你知道这是对我、对风琴的背叛吗？你这个忘恩负义的家伙！"也有人说："他是不是因为失恋了，所以疯了？"有人说："他江郎才尽了，知道自己做一个学者或者音乐家，都不会有前途，所以想干一件让人想象不出来的事情出风头，他是一个爱出名的野心家吧。"最令史怀哲不可思议的是，连平时满口仁爱、力陈牺牲自我、为不幸的人们服务、传播基督伟大精神的人们，除了极少数之外，都异口同声地反对他的决定。面对这一切，史怀哲以一个理性而成熟的男人对理想对人生的执著追求而默默地忍受着，并静静地付出自己的行动。

1905 年 10 月底，他向医学院长提出了入学申请。院长当即满怀好意地让他去精神病教授那里看看。但是在明白史怀哲的真正企图以后，深受感动，接受他入学并免交全部学费。在医学院学习的 7 年，是与疲劳作斗争的 7 年。刚开始，他不能够放弃神学讲师和牧师的职务。在学医的同时要在神学系讲课，同时作为牧师几乎每礼拜天都得去布道。正在从事的著作也不能半途而废。此外，人们也要求他更多地参加管风琴演奏的活动，经常要去外地演出。这不仅由于他已是一名出名的管风琴家，还由于失去了神学研究所所长的收入之后，必须挣一些外快。直到 1911 年 12 月，通过全部医学考试，得以毕业并获得医师资格。1913 年，以

《耶稣的精神心理分析》论文获得医学博士学位。

面对学医期间的困苦，史怀哲在给朋友的信中这些描述着自己的感受：

现在，我们坐在这里研究神学，为的是在以后争夺最好的牧师位置；我们写下厚厚的学术著作，也是为了成为神学教授。而在海外发生的一切，那里事关耶稣荣誉和名义的斗争，则与我们无关。我不想为了成为一个"著名的"神学家，而把自己的生命一直耗在"批判的发现"上。

我不能这么做，我已经长期地、反复地考虑过。最后，我终于明白了：我的生命不是学术，不是艺术，而是奉献给普通的人，以耶稣的名义为他们做任何的一点点小事情。空气流向"真空"的地方，理解精神法则的人，必须前往为人们所必需的地方。

当然，学医的日子极不容易，但我的内心宁静而又充满了幸福感。我的生活是艰苦的，然后是美的。您不要认为我是一个沉于幻想的人，实际上，我是一个非常客观和冷静的人。我从青少年时代就开始反复思考人生的意义。最终的结论是：关键在于行动。

学医期间，美丽的女孩海伦·布勒斯劳走入了他的世界。她是施特拉斯堡大学的一位历史学教授的女儿。海伦从文稿的誊写、印刷的校正、到一些琐碎物品的购买，都在帮助史怀哲。另一方面为了帮助他的医疗工作，海伦还努力学习护士的工作。1912年6月18日，史怀哲与海伦结婚。海伦与心爱的丈夫相伴走过了45年幸福美满的生活，他们一起在大海上长途旅行、一起在非洲丛林中漫步、一起为成千上万的病患土人忙碌……他们有着深挚的爱情和信任，平淡而温馨的一生。史怀哲数十年生活在艰苦的非洲大地，历经两次世界大战，一生经历无数艰难险阻。能够从容淡定，并活到90岁高龄，一生默默陪伴和支持的爱人给了他许许多多来自内心的力量和勇气。1965年史怀哲逝世后，与夫人海伦一起，葬在加蓬共和国兰巴伦医院旁。

1912年开始，史怀哲开始为前往非洲进行准备。他向巴黎的传教士协会申请自费在加蓬的兰巴伦设立一所医院的许可；到殖民部申请在加蓬行医的许可；购买各种日用品、医院所需的物品以及药品。史怀哲之前所从事的都是精神上的工作，现在却整日在体力上操劳，开始时他觉得做这些事情是一种负担，但后来逐渐体会到，全身心地处理实际事务也是值得的，甚至认为一次理想的订货是一种艺术享受。

史怀哲感受到，最重要也是最艰难的是筹款。为一项其合理性尚待证明，现在还只是一种意图的事业筹款，感受到了十分的艰难。原先有许多反对他的朋友也尽弃前嫌，诚心给他帮助。魏多老师最为热心，为他举办多场演奏会，把门票收入都捐给他，还建议巴赫协会订制一台上等的管风琴兼用钢琴送给他。当然，筹款过程中也遭遇过许多不快。在有些人的口气中，史怀哲好像不是一个拜访者，而是作为一个乞讨者来到他们那里的。

1913年春季，史怀哲与夫人海伦历时50天，来到了自己生命的第二故乡加蓬。此地现今已成为加蓬共和国，当时为法属赤道非洲的一部分。16世纪初，就有传教士在这里开展活动。这里有错综复杂的原始森林、沙洲和湖沼。这里有各个部落的土人，还有食人族。这里天气酷热，湿气大，豆类不会结果，谷物也无法栽植。面粉、米、牛奶、马铃薯等都需要从欧洲供应，布料和药品更不用说。兰巴伦在赤道偏南处，冬夏两季与北半球相反。冬季气温为25℃～30℃，夏季则在28℃～35℃。多半欧洲人在此住了一年之后，就会疲劳过度与贫血，两三年之后失去工作能力，至少得回欧洲修养半年以求恢复。在史怀哲来到之前，此地方圆数百千米之内，连一个医生也没有。土人生病，只有依靠传统的医师施咒作法，万一来了传染病，情形真是悲惨之极。热带的传染病很多，其他得肺病、心脏病、肠胃病、皮肤病的人也很多。土人们对它们一筹莫展，只有让无数的人在丛林里一个个倒下。

　　史怀哲从到达非洲的第一天起，就被一大群病人团团围住。刚开始器材和药品不足，连房间都没有。史怀哲只能在露天工作，白天戴着遮阳帽仍然有日晒病的危险。此外，每天到傍晚时分还一定有一场骤雨，每当雨来的时候，便得慌慌张张地把物品搬到回廊下。几天以后，诊所每天要接待大约40个病人。皮肤病、麻风病、昏睡病、心脏病、肺病、酒精中毒、精神病、风湿病、坐骨神经痛、痛风、慢性腹泻病、尼古丁中毒、痔疮便秘、牙病、小腹肿胀、癔病、疝病等都是常见病。史怀哲必须成为一个全能医生。史怀哲日以继夜医治他们的身体，更关怀他们的灵魂。他也是土人的严父、兄长、工头和密友。在丛林中，他亲自和土人建医院，自制砖头、配药方、拓农场。在当地的加洛阿语中，史怀哲的名字叫"奥甘加"，是"巫师"的意思。

　　土人长期生活在自由散漫的环境中，群体居住，靠天吃饭，他们会有很多不恰当的行为，不仅不懂得守规则，甚至会心安理得地随手拿医院的各种东西，会在病房里烧火做饭等等。史怀哲不得不制定医院规则，由助手每天早上向看病的人宣读一遍，并请大家传达给村子里的人们。

史怀哲制定的医院守则有：

1. 医院附近不要吐口水。

2. 等候的时候不要高声谈话。

3. 有时上午看不完所有病人，所以患者与陪伴人应带一天的粮食。

4. 未经医生许可就在传教办事处住宿的人，不给药，还要下令离开。（这是因为有些患者闯进学童宿舍，抢去床位）

5. 盛药的瓶罐一定要交还。

6. 每月中旬从船来到，到开走的期间，除了急症外，不受理普通患者。（这是为了利用时间来写信，向欧洲订购药品）

史怀哲给人看病，从未想到向黑人要医药费。除了需要考虑医药器材和药品外，还得常常为病患及陪伴人准备粮食。但有的土人并不珍视不劳而获的东西。为了使医院能够长久生存下去，也为了使土人学会感恩，学会对医院的珍视。于是他耐心地告诉他们，他们被救了，在诊所得到了善待，而欧洲的许多人则为此作出了牺牲，因此他们也应尽力为维持医院的生存做些事情。渐渐地，土人们懂得送谢礼来了。有的交了些钱，有的送来了东西，如鸡蛋、香蕉等。这些对医院的生存所需如杯水车薪，但大家更懂得爱护东西了，医院的秩序也渐渐建立起来。当然，对贫穷的人和老年人，他从不接受谢礼。

史怀哲是一位重视人类灵魂幸福的信仰家。他所致力的，与其说是改善土人的生活状态，更毋宁说是把正确的信仰教给他们，让他们从迷信脱离出来。每逢礼拜，他都运用最简明易懂的话来讲道，他的心中充满挚情与喜乐。

然而，前行的路困难重重。在非洲设立殖民地的国家，其统治目的无外乎一个"利"字。从欧洲和美洲运来大批的白兰地的工厂制品，破坏当地人的生活和产业，使得当地人们大量失业。有的白人常常向黑人巧取豪夺、贪得无厌，使黑人对白人缺乏信任和尊敬。

史怀哲不是铁打的，他也常常会感到身心疲惫。在一个孤寂的夜晚，他偶尔试弹巴黎巴赫协会送给他的管风琴兼用的钢琴，给他消沉的情绪带来奇异的慰藉，使他整个地没入无可比拟的喜悦与陶醉之中。他还切实地体会到，唯有远离欧洲喧闹和功利的音乐会，不受任何干扰，才能体会到如此美妙的感觉。

1914 年，由于健康问题以及经费的短缺，史怀哲和夫人准备回国一段时间。可就在此时，第一次世界大战爆发。1914 年 8 月到 11 月间，德籍的史怀哲夫妇成了法国的俘虏。医院也只好关门大吉。史怀哲倒因此有了宽裕的时间，能静下心来看书写作。他利用这个机会，思考和梳理了长久以来就放在心上的有关人类文明的问题。史怀哲在自己的书中写道：

欧洲凭借发达的工业文明，控制和领导了世界。在亚洲、非洲建立殖民地，巧取豪夺，借此过上安逸生活。他们自我满足，只知享乐，醉生梦死，年轻而充满活力的精神失落了，耶稣所教的爱更是丧失殆尽，这样的社会是好的吗？

文明的进步应该是使人类更加幸福。所谓幸福绝不是靠物质能够满足的，人与社会能在道德方面向上，才能称为进步。

而当前的人类社会，物质文明的飞跃进步，眩惑了人类心智，人们只知追求物质的欲望，一般人不说，连诗人、思想家、哲学家——这些人类的良知，也都遗忘道德的价值。人类受物质控制，最终使人类受到不幸。这样下去，人类岂不是只有自取灭亡吗？

　　从19世纪中叶起，理想不再来自理性，而是来自现实，我们因此也日益陷入无文化和无人道之中。我们对世界和人生的肯定也失去了坚实的基础，现代人已不再有思考和实现一切进步理想的动力。人们已经对现实作出了广泛的妥协。这一切都是非常可怕的，人类可能由此将万劫不复。

　　史怀哲一生反对任何暴力与侵略，他极力倡导尊重生命的理念。史怀哲深信渴望生存，害怕毁灭和痛苦，是我们的一种本能，也是每一个生命体都具有的本能。作为一个有思想能力的人，我们应该尊重别人和别的生命，因为他们像我们自己一样，强烈地希冀自由而快乐地生活。因此，无论是身体或心灵，任何对生命的破坏、干扰和毁灭都是坏的；而任何对生命的帮助，拯救，及有益生命成长和发展的都是好的。

　　在实践生活中，史怀哲认为每一个人在伤害到生命时，都必须自己判断这是否基于生活的必须而不可避免的。他特别举了一个例子；一个农人可以为了生活在牧场上割一千颗草花给他的牛吃，但在他回家的路上，他却不应不小心地踢倒一颗路旁的小花。史怀哲相信宇宙间所有的生命是结合在一起的，当我们致力于帮助别的生命时，我们有限的生命可体验和宇宙间无数的生命合而为一。史怀哲一生发表了许多演说和文章反对战争及其对环境的破坏以及核子武器的发展；而他最有力的演说就是他用自己生命的身体力行。

1915 年，史怀哲夫妇被遣返到欧洲的俘虏集中营，先后在多个俘虏营待过。最使俘虏难受的，是关久了，意志消沉，什么也不想做。史怀哲通过努力后被准许为病人看病，同时给予意志消沉的战俘精神上的鼓励，执笔《文明的哲学》。另外，他也能抛开眼前的烦恼，静下心来，用书桌的边沿当作钢琴的键盘，陶醉在想象的音乐之中。1918 年 7 月，德法之间交换战俘，史怀哲夫妇得以回到故乡。

回到故乡后，虽然获得了市立医院助手以及教堂副牧师的职务，但人生的理想之路却迷雾重重，心中好不寂寞凄凉。远在非洲的医院不知何时能够重建，《文明的哲学》以及其他著作的出版渺然无期，以前向朋友和教会借的钱不知如何才能偿还，健康状况也不理想。即使如此，他依旧没有失去对别人不幸的同情心，默默地做着各种力所能及的爱的善行。

1919 年圣诞节前，他忽然接到瑞典乌普萨拉大学校长赛得布洛姆的来信，邀请他去讲授哲学。他的讲授空前的成功，"敬畏生命"的思想，引起了普遍的共鸣。塞氏马上建议他在瑞典各地开演讲会和演奏会，并给他写了几封介绍信。他除了讲哲学，也介绍在非洲的事业以及黑人的情形，无数听众被感动。很快，出版社找到了他，欧洲各国的演讲会和演奏会的邀请函也纷纷而至。他还清了所有债务，并有了资金为非洲的事业做准备。

1924 年 2 月，史怀哲离开了史特拉斯堡。妻子海伦因为健康情况不佳，所以这次不能同行。海伦处于这种状况下，却能够顾全大局，同意他再度到兰巴伦重新开始工作，史怀哲对海伦真是永远心存感激。这一次史怀哲在非洲待了三年半。1927 年 1 月，把病人从旧医院移到新医院。到同年仲夏，又扩建了若干病房。现在这个医院，可容纳 200 个病人以及他们的陪伴者，病人的数目一般都在 140～160 个之间。现在，医院内部的必要设备都已完成，史怀哲因此可以将医院交给同事，而考虑回国的事。

1928 年，法兰克福市把著名的"歌德奖"颁发给他。也是在这个时候，在瑞士，经常有如下的文字出现在报纸的讣闻中："谨遵故人遗志，敬请将所惠奠仪，一律改捐史怀哲博士在非洲兰巴伦的医院。"

史怀哲在纪念歌德的演讲中提到："我们必须与我们自己及其他一切战斗，不为什么，只因现代是失去了人性的时代。歌德无分事物的轻重，皆以良心来奉献。一个人非以一个时代的社会为对象，而以人类本身或各个人为对象来思索——这都是超乎时代的。"

1929 年 12 月，史怀哲第三次到达兰巴伦。刚到达的时候，一次严重的痢疾流行虽然快要过去，但余势仍然凶猛。这段流行期间因为痢疾病患的病房太小，必须把附近安置精神病患的病房让给他们住，所以不得不再为精神病患盖新病房。凭过去累积的经验，新盖成的病房比旧有的更坚固，也更明亮更通风。完成这项建筑后，史怀哲又为严重的病人盖有个别床位的大病房，同时也需要盖一间用来储藏食物的仓库，在当地木匠——莫念札利的忠心协助下，这一切工作于一年之内完成了。

未来的 30 多年时间里，史怀哲十余次往返于欧洲与非洲。其大部分时间呆在非洲的兰巴伦医院。

1953 年 10 月 13 日，同在兰巴伦医院任医师的史怀哲的侄子在广播中得知伯父获得诺贝尔和平奖，兴奋地去告诉伯父，史怀哲还以为侄子听错了。第二天，来自全球各地的贺电雪片般涌进兰巴伦医院，其中包括各国国王、总统等政要。正式的通知也到了。西德总统不但表示了对老博士的推崇，还以诺贝尔和平奖颁给主张"敬畏生命"且身体力行的人物，而表示无上的喜悦。新闻记者问史怀哲这笔奖金打算怎么用，"当然用在兰巴伦医院"，他毫不犹豫地回答。

当年度同时获得诺贝尔和平奖的还有美国的马歇尔将军，可是对于后者的得奖，世界许多国家发出反对之声，挪威的奥斯陆还有人散发传单表示严厉的抗议。

1965 年 9 月 4 日，史怀哲因病逝世。史怀哲把他 53 年的时间全部为非洲土人作了光荣的献祭。不论外界的阻力有多大，史怀哲决心用行动去证明爱是可以在任何地方萌芽生根的。史怀哲终其一生，不但在非洲的丛林里留下一手创建的 600 多个床位的丛林医院，他在非洲的医疗服务更成为 20 世纪社会服务的一座标杆。

史怀哲有生之年，世界各国为其颁发的荣誉博士，多达 50 多个。各种勋章及荣誉，数不胜数。

今天，兰巴伦医院依然在年复一年为成千上万的人们带来健康和关爱。

今天，全世界有 50 多个国家和地区设有"史怀哲之友"联谊会，宣扬史怀哲的"敬畏生命"的思想。

四、奥尔多·利奥波德

奥尔多·利奥波德是美国著名生态学家和环境保护主义的先驱，被称为"美国新环境理论的创始者"。他曾任联邦林业局官员，毕生从事林业和猎物管理研究。他一生共出版 3 部书和 500 多篇文章。1949 年，他离世一年后出版的《沙乡年鉴》是其最重要的著作。

1887 年 1 月 11 日，利奥波德出生在美国衣阿华州柏灵顿市的一个移民之家。他的父亲是一位出色的桃木家具制造商；祖父是德国人，一位受过良好教育的园林技艺师。他从小在一个可以俯瞰密西西比河的豪华府邸里长大。因为房子建在河岸边的山崖上，因此从山崖上下来，穿过铁轨就是宽阔的密西西比河，这里是大陆上 1/4 的野鸭和野鹅一年一度迁徙的必经之地，因此这里的河漫滩就是成长中的利奥波德天然的野生动物乐园。

利奥波德的哥哥弗雷德里克说："当还是孩子的时候，利奥波德就很少说话，但他是一个聪明的孩子。他读过很多书，知道动物们以什么东西为生，有什么样的天敌，他对户外生物如此热衷，好像是从父亲那里继承来的。"

利奥波德从小就喜欢跟着父亲到野外活动。位于密西西比河滨的柏灵顿有着绚丽的自然风景，利奥波德的童年和少年时代被大自然的温柔之手爱抚着。深秋的早晨，小利奥波德和父亲一起在昏暗的煤油灯下穿上高高的长筒靴，一路下山来到火车站，吃一些猪肉煎豆和烤苹果作为早餐。然后就坐火车穿过密西西比河到达一处沼泽地，在那里的一个麝鼠皮房子里等待野鸭的鸣声。如果不是在有野鸭出现的季节，他们就在沼泽地里到处搜寻，探寻水貂的洞穴，看看他们到底在吃些什么。在联邦政府颁布法律禁止在动物繁殖期捕猎之前，利奥波德的父亲就得出结论说这样做是错误的，因此他也不在冬天捕猎，他的这种精神被利奥波德继承下来了。

利奥波德在柏灵顿、新泽西和耶鲁大学上学的时候，始终保持着对鸟类学和自然科学历史的浓厚兴趣。他在日志中把观察到的东西都记录下来，这成为他长达一生的习惯。1909年7月，他从耶鲁大学毕业，获得森林学硕士学位。他加入了新成立的美国国家森林局，并被派往亚利桑那州和新墨西哥州工作。在那些日子里，利奥波德很快获得了大量的工作经验，并得到了提升。

1912年，利奥波德升迁为新墨西哥北部的卡森国家森林的监察官。在那穷乡僻壤的地方，利奥波德经历了一场残酷的暴风雪，并患上了急性肾炎。这场大病几乎夺走了他的生命，同时也结束了他在那里工作的日子。一年多以后，利奥波德在家乡柏灵顿复原了，又回到了新墨西哥和森林局。

1915年，他被任命负责管理森林局西南部地区的渔猎活动。在利奥波德管理西南部渔猎活动之前，森林局和州政府之间签订了一份协议，协议规定林警也可以代表州政府的狩猎监督官。利奥波德到那里之后，再也没有发生过一起逮捕事件。他马上起草了一本渔猎手册，规定了管理森林的官员在相应的狩猎工作中的权利和义务，并且在一些地区设立木桩对动物加以保护，成立了狩猎保护小组，严格执行狩猎保护法律，为动物们营造避难家园，使枯竭的水资源和陆地重新获得了生命。

利奥波德在努力使吉拉作为一片荒野地区来管理的提议中发挥了作用。他向森林局提出了一个建议，他建议将无路的地区留出来作为自然保护区，他不希望看到这些地区被开辟为各种娱乐场所，诸如野营地、私人的或商业上的出租地等。1924 年，森林局采纳了他的建议，将新墨西哥州的吉拉国家森林开辟为野生自然保护区，这比著名的野生动物保护计划（法案）要早 40 年。

1924 年，他受林业部门的调遣，又到设在威斯康星州麦迪逊市的美国林业生产实验室担任负责人。利奥波德在林产品实验室待的时间并不长，他需要一份和保护野生生物相关的工作。1928 年，利奥波德离开林业局，他把兴趣转移到了自己更为关心的野生动物研究上。在体育军火制造商协会的资助下，他开始在北部几个重要的州进行野生生物调查，并且写出了《野生动物管理》一书。调查工作和书的出版使利奥波德成为狩猎动物管理的权威，他被公认为是野生动物管理研究的始创者。

为此，威斯康星大学邀请他在狩猎管理专业上课，1933 年，利奥波德成为威斯康星大学农业管理系的教授，利奥波德的课程很受欢迎，他在野生动植物课上教学生们如何观察大自然、理解他们所看到的，并从理解中得到乐趣。他渐渐形成了一套完整的大地生态观念和大地道德观念。

作为保存野生生物和荒野地区的提倡者，1935 年，利奥波德与著名的自然科学家罗伯特·马歇尔一起创建了"荒野学会"，宗旨是保护和扩大面临被侵害和被污染的荒野大地以及荒野上的自由生命。为纪念他而承其名的奥尔多·利奥波德荒野地处新墨西哥州吉拉国家森林的范围内。利奥波德荒野和吉拉国家森林常常一起被看作是遍及全美的现代荒野保护运动的起点。

多年来，作为一项周末活动的消遣，利奥波德一直在麦迪逊附近搜寻着。他在威斯康星河的拐弯处发现一块被丢弃的农田，一块已经盐渍化了的沼泽地，还有一座由流沙堆成的小秃山。其中唯一的一座建筑物是一个鸡棚，而且其中的一部分已陷进泥淖里了。1935 年 4 月，利奥波德把这个地方买了下来，并开始着手恢复它的生态环境。在此后的十几年里，这个被他称作"沙乡"的地方和它上面的一所破旧的木屋，便成了利奥波德和他的家人在周末和假期亲近自然的"世外桃源"。

第二次世界大战期间，利奥波德写出了自己一生中最重要的著作——《沙乡年鉴》，这是他对于自然、土地和人类与土地的关系与命运的观察与思考的结晶。他倡导一种开放的"土地伦理"，呼吁人们以谦恭和善良的姿态对待土地。他试图寻求一种能够树立人们对土地的责任感的方式，同时希望通过这种方式影响到政府对待土地和野生动物的态度和管理方式。利奥波德在文章中表述了土地的生态功能，以此激发人们对土地的热爱和尊敬，强化人们维护这个共同体健全的道德责任感。利奥波德相信美国野生动植物的未来很大程度上在于私人土地的保护，以及美国农民和土地拥有者的态度和决定。

《沙乡年鉴》一书，从 1941 年起就开始寻求出版，直到 1948 年 4 月 17 日，利奥波德接到一个长途电话，牛津大学出版社决定出版他的著作，他感到无比欣慰。然而仅仅一周之后，利奥波德的邻居的农场发生了一场火灾，他在奔赴火场的路上，因为心脏病猝发而不幸去世，这一天是 1948 年 4 月 24 日。

1949 年，《沙乡年鉴》正式出版了，这本书是利奥波德一生的观察日记，反映了生态和道德之间的内部关系。利奥波德认为，人的道德观念是按照三个层次来发展的，最早的道德观念是处理人与人，以及人与社会的关系。这两个层次的道德观是为了协调各部落之间的竞争，从而达到共生共存的目的。但随着人类对生存环境的认识，逐渐出现了第三个层次：人和土地的关系。但是，长期以来，人和土地的关系却是以经济为基础的，人们在习惯和传统上都把土地看作人的财产，只需维持一种特权而无需尽任何义务。利奥波德首次推出土地共同体这一概念，认为土地不光是土壤，它还包括气候、水、植物和动物；而土地道德则是要把人类从以土地征服者自居的角色，变成这个共同体中平等的一员和公民。它暗含着对每个成员的尊敬，也包括对这个共同体本身的尊敬，任何对土地的掠夺性行为都将带来灾难性后果。

那时，正值战后经济复苏时期，人们都在充满信心地征服和利用自然，生态学的意识和概念对人们来说也还十分陌生，这本书的出版在当时并没有引起很大影响。像利奥波德这样从伦理学的角度提出人和自然关系的标准，在历史上还是第一次。利奥波德的聪明睿智、高瞻远瞩远远超过了他所处的时代。20 世纪 60 年代开始，人们逐渐发现了潜藏在富裕生活中的各种危机——征服自然带来的环境破坏。大地伦理准则于 1990 年被写进美国林业工作者的伦理规范中。

利奥波德的去世，使得威斯康星河畔的荒野上，再也看不见他那大地保护神一般的踪影，利奥波德的灵魂回归了他一生所热爱的、并为之奔走和呼号的土地与荒野。利奥波德的旧居至今仍然保留在威斯康星河边的沙地里，它代表了一种精神，一种简朴的生活方式。

第四部分　经典文章选读

无论是动物中心主义、生物中心主义，还是生态中心主义，都是我们人为地进行分门别类。对待动物、生物界或是整个生态系统，究竟应该采取怎样的一种态度？每个人可能都会有自己的不同回答。这里选录的是几篇生态伦理的经典文章。

一、《所有动物都是平等的》

——彼得·辛格

许多被压迫团体都在积极地为平等而抗争。经典的例子是黑人解放运动，该运动要求结束那种把黑人视为二等公民的偏见和歧视。

黑人解放运动的巨大号召力及其所取得的初步（即使有限）胜利，使得它成为其他被压迫团体仿效的榜样。之后，我们又目睹了西班牙裔美国人、同性恋者以及其他各种各样少数派团体的解放运动。当妇女这个多数派团体开始她们的抗争时，有些人以为，我们已经走到解放运动道路的尽头了。据说，性别歧视是普遍被人们接受的最后一种歧视形式；即使那些向来以摆脱了对少数民族的种族偏见为自豪的自由人士，也曾明目张胆地犯过性别歧视的错误。

不过，我们对"现存的最后一种歧视形式"这类高论应时常保持警觉。如果说我们已从解放运动中吸取了什么教训，那就是：在这种偏见被明确指出来以前，要意识到我们的态度中对于某些特殊团体的潜在偏见是非常困难的。

解放运动要求我们扩展我们道德的应用范围，扩充或重新解释有关平等的基本道德原则。人们发现，以往许多曾被视为理所当然和在所难免的实践，不过是一个尚未得到证明的偏见的产物。确实，谁敢信心十足地保证说，她或他的全部态度和实践都是无可指责的呢？如果不想被列入压迫者的行列，我们就必须准备重新反省自己最基本的态度。我们需要从那些被我们的态度和源于这些态度的实践所伤害得最严重的存在物的角度来反思这种态度。如果能够实现这种超凡脱俗的视角转换，我们就会在我们的态度和实践中发现这样一种模式：我们总是靠牺牲一个团体的利益来使另一个团体获利，而我们自己往往就是这个获利团体的成员。把握了这一点，我们也许就会理解一场新的解放运动的到来。我所倡导的是，我们在态度和实践方面的精神转变应朝向一个更大的存在物群体：一个其成员比我们人类更多的物种，即我们所蔑称的动物。换言之，我认为，我们应当把大多数人都承认的那种适用于我们这个物种所有成员的平等原则扩展到其他物种身上去。

这似乎是一个偏激的推论，更像是其他解放运动的一个模仿次品，而非一个严谨的目标。事实上，"动物的权利"这个观念在过去的确被看作是对妇女权利的拙劣模仿。当女权运动的先驱沃尔斯通尼克拉夫特在1792年出版其《妇女权利的辩护》一书时，她的观点广泛被认为是荒谬的，而且还遭到了一本名为《畜生权利的辩护》的论文集的讽刺。做此讽刺的作者（实际上是剑桥杰出的哲学家泰勒）试图通过揭示这一点来反驳沃氏的观点，即她的观点还可以向前作进一步的推论。如果这种观点应用于妇女是可行的，那它为什么就不能应用于狗、猫和马呢？拥有权利的这种理由似乎也同样适用于这些"畜生"。但是，主张畜生也拥有权利是十分荒谬的。因此，推导出这一结论的推理必然是不可信的。如果这种推理应用到畜生身上是不可信的，把它应用到妇女身上也是同样不可信的，因为这两种推理使用的都是同样的理论前提。

我们反驳这种观点的一种方式是，指出用来证明男女平等的理由不能完全延用到非人类动物身上去。例如，女性拥有选举的权利，因为她们有着与男性一样的作出理性决定的能力。但是，狗却不能理解选举的意义，因而它们不可能拥有选举的权利。在男性和女性之间有着许多明显的相似之处，而人与其他动物之间却差异甚大。可以说，男性和女性是类似的存在物，应拥有平等的权利；而人类与非人类动物却彼此不同，因而不应拥有平等的权利。

到此为止，用来反驳泰勒的类比论证的上述观点基本上是正确的，但却不能再往前推了。在人类和其他动物之间确实存在着许多重要差别，这些差别必定会带来二者在权利方面的某些差别。但是，承认这一明显的事实并无碍于把平等的基本原则推广到非人类动物身上去。存在于男女之间的差异同样不可否认；妇女解放运动的支持者清醒地意识到，这些差异会带来不同的权利。许多女权主义者都主张，妇女有堕胎的权利。但这并不意味着，这些人既然在为男女平等而抗争，那她们必定会支持男人也拥有堕胎的权利。由于男人不能怀孕，因而去谈论他拥有堕胎权是毫无意义的。同样，一头猪不能选举，因而去谈论它的选举权也是毫无意义的。那种把妇女解放或动物解放与这类无稽之谈搅和在一起的做法是毫无根据的。把平等的基本原则从一个团体扩展到另一个团体并不意味着，我们必须以一刀切的方式来对待这两个团体，或假定两者拥有完全相同的权利。我们应否这样做取决于这两个团体的成员的本性。我将证明，平等的基本原则是关心的平等，而对不同存在物的平等关心可以导致区别对待和不同的权利。

因此，对泰勒模仿沃氏观点的企图还可以有一种不同的反驳方式。这种方式不是否认人类和非人类动物之间的差异，而是深入到平等问题的核心，并最终证明把平等的基本原则应用于所谓的"畜生"一点也不荒谬。我相信，只要梳理一下我们反对种族或性别歧视的终极理由，我们就会得出这个结论。我们还将发现，如果我们在为黑人、妇女和人类中其他被压迫团体要求平等的同时，却又否认对非人类动物去平等关心，我们的平等理论就将缺乏坚实的基础。

当我们说所有人（不论种族、职业、性别如何）都是平等的时候，我们所要维护的究竟是什么呢？那些想捍卫不平等的等级社会的人经常指出，不管我们选择什么作标准，所有人都不是完全平等的。不论是否喜欢这一点，我们都必须面对这样一个事实：人们生来就具有不同的外形和体格，他们长大以后所获得的道德能力、智力、满足他人需要的仁慈情感及其敏感度、表达能力、体验愉快和痛苦的能力等等都千差万别。总之，如果对平等的要求是基于所有的人的事实平等，那我们就只得停止要求平等了。这可能是一种不合理的要求。

不过，有人也许还会求助于这样一种观点：要求人们之间的平等是基于不同种族和性别的现实平等。尽管作为个体的人千差万别，但在种族和性别之间却不存在这类差别。从一个人是黑人或妇女这样一个纯粹的事实，我们不能推出关于这个人的任何论断。也许可以说，这正是种族歧视主义和性别歧视主义的错误所在。白人种族主义者宣称，白人比黑人优越，但这是荒谬的——虽然在个体之间存在着某些差异，但某些黑人在天赋和能力方面是优于某些白人的。性别歧视主义的反对者所说的同样是：一个人的性别并不能决定他或她的能力，而这正是性别歧视不合理的原因所在。

这是反对种族和性别歧视的一种可能方式。但是，真正关心平等的人不应选择这种方式，因为在某些情况下，采取这种方式会迫使我们接受某种极不平等的社会。人类的差异主要体现在个体之间而非种族或性别之间，这一事实是对那些维护等级社会的人的有力回击。但是，个体的差异超越了种族或性别界限这一事实的存在，并不能帮助我们反对那种更为狡猾的拒斥平等的人；这种人提出，例如，智商高于 100 的人的利益高于那些智商低于 100 的人的利益。这种基于智商的等级社会是否真的就比那种基于种族或性别的等级社会更好呢？我想不是。但是，如果我们把平等的道德原则建立在（被视为一个整体的）种族或性别的事实平等的基础之上，那么我们反对种族歧视主义和性别歧视主义的理论就不能为我们提供任何反对这种（基于智商的）不平等主义的论据。

不能把对种族歧视主义和性别歧视主义的反对建立在任何一种事实平等、哪怕是有限的事实平等（它假定天赋和能力的差异是平均地分布于不同种族或性别之中的）的基础之上的另一个重要理由是：我们没有绝对的把握说，不论人们的种族或性别如何，这些天赋和能力确实是平均地配置在他们身上的。就实际能力而论，种族之间、性别之间似乎确实存在着某些巨大的差异。当然，这些差异不是在每种情形中都显现出来，而仅仅是就平均数而言，更重要的是我们还不知道，这些差异究竟有多少是源于各种族和性别的不同遗传因素，又有多少归因于社会环境的差异（而社会环境的差异又是由过去和目前的歧视造成的）。所有这些重要的差异也许最终将被证明是源于环境而非遗传。反对种族歧视主义和性别歧视主义的人肯定会希望结果如此，因为这会使得扫除歧视更容易一些。但是，把对种族歧视主义和性别歧视主义的反对建立在人们之间的所有差异都源于环境这一信念之上是非常危险的。因为一旦能力的差异最终被证明的确与种族的基因有着某些联系，采取这种方式反对种族歧视主义的人就将不可避免地要败退，而种族歧视主义在某种程度上反而是合理的了。

对于反对种族歧视主义的人来说，把他的反对理由建立在某个要在遥远的将来才能由科学来解决的教条主义承诺上，是很愚蠢的。尽管那种认为种族和性别之间某些特定能力的差异主要源于遗传基因的观点不是结论性的，但认为这些差异主要是由环境决定的观点也非定论。如果我们的考察到此为止，我们还是不能断定哪一种理论正确，尽管我们中的许多人希望后者正确。

值得庆幸的是，我们没有必要把追求平等的理由建立在科学研究的特定结论之上。要恰如其分地回击那些宣称已发现了种族和性别之间能力差异的遗传基因证据的人，我们就不能死死抓住基因解释是绝对错误的这一信念不放，不论我们发现了何种与基因解释相悖的证据。相反，我们所要澄清的是：对平等的要求并不依赖于智力、道德天赋、体力或类似的事实。平等是一种道德理想，而不是对事实的一种简单维护。我们找不到可以令人折服的逻辑理由来假定：两个人在能力上的差异可以证明我们在满足其需要和利益时重此轻彼的合理性。

人类的平等原则并不是对人们之间的所谓事实平等的一种描述，而是我们应如何对待他人的一种规范。

边沁通过下述准则把道德平等的重要基础融汇进了他的功利主义伦理学体系中："每个人的利益都应考虑进去，绝不能重此轻彼。"换言之，受某个行为影响的所有人的利益都必须被考虑进去，并且把他们的利益看得与别人的利益同样重要。晚期的功利主义者西季威克把这一观点表述为：从宇宙的观点看（如果我可以这样说的话），任何个体的善都不比其他个体的善更重要。近来，现代道德哲学的许多大师又都不约而同地把类似的要求（对每个人的利益都给予同样的关心）作为其道德理论的基本前提，尽管他们在如何更好地表述这些要求方面尚未达成共识。

我们对他人的关心不应取决于他们的外表或他们有什么能力，这是平等原则的课题中应有之意——尽管这种关心要求我们所做的事情会因那些受我们的行为影响的人的性格不同而有所不同。这才是我们反对种族歧视主义和性别歧视主义的终极理由；而且也正是根据这个原则，我们才谴责物种歧视主义。如果较高的智力不是一个人把他人作为实现其目的的工具的理由，那么它又如何能成为人类剥削非人类动物的根据呢？

许多哲学家都已经以这种或那种方式，把平等地关心利益的原则视为一个基本的道德原则；但是，如我们将很快看到的那样，他们中的许多人都没有认识到，这个原则不仅适用于我们自己，而且适用于其他物种成员。边沁是少数认识到这一点的人士之一。在英国统治的全盛时期，人们就像对待动物那样对待黑人奴隶。那时，边沁就高瞻远瞩地写道："总有一天，其他动物会要求这些除非遭专制之手剥夺、否则绝不放弃的权利。法国人已经发现，黑色皮肤不再是一个人无端遭受他人肆意折磨的理由。人们总有一天也会认识到，腿的数量、皮肤的柔毛或骶骨终端的位置不是驱使某个有感觉能力的存在物遭受同样痛苦命运的充分理由。确定这个不可逾越的道德分界线的根据究竟是什么呢？是推理能力或交谈能力吗？然而，与生长了一天、一个星期或一个月的胎儿相比，一匹成熟的马或狗是更善交谈更有理性的。就算事情不是这样，它又能给我们带来什么益处呢？问题的关键不是：它们能推理或它们能交谈吗？而是：它们能感受苦乐吗？"

在这段论述里，边沁把感受苦乐的能力视为一个存在物获得平等关心的权利的根本特征。感受能力（更准确地说是感受痛苦、愉快或幸福的能力）并不是某种性质与语言能力或更高级的计算能力相同的另一种特征。边沁的意思并不是说，那些试图划定一条能决定某个存在物的利益应否得到关心的"不可逾越的界线"的人，刚好选择了那些错误的特征。感受痛苦和享受愉快的能力是拥有利益的前提，是我们在谈论真实的利益时所必须满足的条件。说一个小学生踢路边的石头是忽视了石头的利益，这是荒谬的。一块石头确实没有利益，因为它不能感受苦乐。我们对它所做的一切不会给它的福利带来任何影响。但是，一只老鼠却拥有不遭受折磨的利益，因为如果遭受折磨，它就会感到痛苦。

如果一个存在物能够感受苦乐，那么拒绝关心它的苦乐就没有道德上的合理性。不管一个存在物的本性如何，平等原则都要求我们把它的苦乐看得和其他存在物的苦乐同样（就目前能够做到的初步对比而言）重要。如果一个存在物不能感受苦乐，那么它就没有什么需要我们加以考虑的了。这就是为什么感觉能力（用这个词是为了简便地表述感受痛苦、体验愉快或幸福的能力，尽管不太准确）是关心其他生存物的利益的唯一可靠界线的原因：用诸如智力或理性这类特征来划定这一界线，是一种很武断的做法。

当其利益与其他种族成员的利益发生冲突时，种族歧视主义者常因过分强调自己种族成员的利益而违背了平等原则。同样，物种歧视主义者也为了他自己这一物种的利益而牺牲其他物种成员的更重要的利益。这两种歧视主义使用的都是同一种推理模式。大多数人都是物种歧视主义者。现在我们就来简要地描绘一下某些体现了这种歧视的实例。

对于人类中的大多数，特别是居住在城市工业化社会中的人来说，与其他物种成员最直接的接触是在吃肉的时候：我们吞食它们。

在吞食它们时，我们仅仅是把它们当作达到我们的目的的工具。我们都把它们的生命和幸福看得低于我们对某道特殊菜肴的嗜好。我特意用了"嗜好"一词，因为这纯粹是满足我们的口腹之欲的问题。即便是为了满足营养的需要，也没有必要非要食用肉类，因为科学已经证明，食用豆类、豆制品和其他高蛋白蔬菜产品比食用肉类能更有效地满足我们对蛋白质和其他重要营养品的需要。

我们为满足自己的嗜好而虐待其他物种的行为不仅仅表现在对它们的杀戮上。我们施加在活着的动物身上的痛苦，比之于我们准备杀戮它们这事实来，更淋漓尽致地展现了我们的物种歧视主义态度。为了能给人们提供与其昂贵价格相当的美餐，我们的社会容忍了那种把有感觉能力的动物置于戕害其性情的环境里，并使它在痉挛中慢慢结束其生命的烹饪方法。我们把动物当成一个能把饲料转换成肉食的机器来看待；只要能带来更高的"转换率"，我们无所不用其极。正如在这个问题上的一位权威所说，"只有停止追求利润，人们才会认识到其行为的残酷性"。

如我所说的那样，由于所有这些实践都仅仅是为了满足我们的口腹之欲，因而我们为饱餐而饲养和杀戮动物的实践就不过是下述态度的一个昭然若揭的例证：为了满足我们自己的琐屑利益而牺牲其他存在物最重要的利益。要避免成为物种歧视主义者，我们就必须停止这类实践；我们每个人都负有停止支持这类实践的道德义务。我们的习惯就是对肉品工业的最大支持。决定放弃这种习惯也许有一定困难，但不会比一个美国南方白人反对其社会传统而释放他的奴隶更困难；如果我们连自己的饮食习惯都不能改变，我们又有什么资格去谴责那些不愿改变其生活方式的蓄奴主义者呢？

　　这种形式的歧视还可在广为流行的对其他物种所做的实验中观察到。这些实验的目的是为了观察某些物质对人是否安全，或检验某些有关严惩对于学习的影响的心理学理论，或是试图查明某种新出现的物质的构成成分……

　　以往关于活体解剖的争论常常忽略了这一点，因为这种争论总是以绝对的形式出现的：如果在一个动物身上做实验能拯救成千上万人的生命，那么主张废除活体解剖的人是否准备让这些人死去呢？回答这一纯假设性问题的方法是提出另一个假设：如果在一个幼小孤儿身上做实验是拯救许多人的生命的唯一方法，那么实验者准备去做这个实验吗（我说"孤儿"是为了避免父母情感的介入，尽管在这样做时我已经让了实验者一把，因为实验所用的非人类动物标本并不是无父母者）？如果该实验者不准备用幼小的孤儿、而用非人类动物做实验，那他纯粹就是出于歧视了。因为与婴儿相比，成熟的类人猿、猫、老鼠和其他哺乳动物都能更清楚地意识到发生在他们身上的事情，更能自我控制，对苦乐的感受（就我们目前所知）也更敏感。似乎并不存在某种只有婴儿具有、而成熟的哺乳动物却不具有（在同等或更高程度上）的能力特征。有人可能会争辩说，在婴儿身上做实验之所以是错误的，是因为只要条件允许，婴儿最终将发展到高于非人类动物的状态。但是，为了与此保持一致，人们就得反对流产，因为胎儿也具有和婴儿一样的潜能——事实上，从这种观点来看，甚至避孕和节育也是错误的，因为只要能恰当地结合，卵子和精子也具有上述潜能。无论如何，这种观点仍然没有给我们提供任何理由，

使得我们可以挑选一个非人类动物，而非一个大脑已遭严重的不可逆伤害的人来做实验对象。

如果一个实验者认为，在一个其感情、意识、自我控制力等方面都相当于或低于动物的人身上做实验不合理，因而就在非人类动物身上做实验，那么，他这种行为所展现的就不过仅仅是他喜爱他这一物种的偏见而已。那些了解大多数实验给动物所造成的恶果的人都不会怀疑，如果消除了这种偏见，那么人们用作实验对象的动物数量就会比目前少得很多。

在动物身上做实验并吞食其肌肉，这是我们社会中物种歧视主义的两种主要形式。比较而言，物种歧视主义的第三和第四种形式也许不那么重要；不过，本文的读者对它们可能更感兴趣。我指的是现代哲学中的物种歧视主义。

哲学应对其时代的基本假设提出疑问。我相信，审慎而批判性地反思大多数人视为理所当然的东西，这是哲学的主要任务；正是这一任务使得哲学探索成为一项有价值的活动。令人遗憾的是，哲学并不总是能完成它的这一历史使命。哲学家也是人，他们也屈服于他们生存于其中的那个社会的先入之见。有时，他们也能得心应手地摆脱流行的意识形态而实现某些成功的突破，但更多的时候，他们却成了这种意识形态最老练的捍卫者。因此之故，今天的大学讲坛所流行的哲学，都没有对人们所持的有关我们与其他物种关系的先入之见提出任何挑战。那些探讨过这一问题的哲学家们，在其著作中提出的仍是一些与其他大多数人一模一样的未经反思的假设，而且他们所提出的理论也倾向于强化读者心中的那种令他或她惬意的物种歧视主义习惯。

我将通过引证不同领域哲学家的著作来说明这一问题——例如，那些对权利问题感兴趣的哲学家曾试图给权利的范围划出这样一个界限，以致这一界限恰好与作为一个物种的人类的生物学界限相当，能够把胎儿和精神不健全者包括进来，而把那些在餐桌上和实验室中对我们是如此有用的、具有与胎儿和精神不健全者相等或更高的能力的其他存在物排除出去。我想，如果我们打算深入细致地讨论我们一直在关心的平等问题，那么把对平等范围的讨论作为本章的结尾也许是较为恰当的。

　　耐人寻味的是，平等问题在道德和政治哲学中都被毫无例外地理解为人的平等问题。这样做的后果是，其他动物的平等问题就没有被作为问题本身摆在哲学家或学生面前——这是哲学无力对那些已被人们接受的信仰提出挑战的一个标志。不过，哲学家们已发现，如果不费点笔墨来探讨动物的地位问题，那么就难以说清人的平等问题；其理由（从我的观点来看一目了然）在于：如果要把人人都视为平等的，我们就需要这样一种平等观，这种平等观不以人们在能力、天赋或其他资质方面的描述性的事实平等为前提。如果平等要与人的实际特征联系起来，这些特征就必须是人的特征的最小公分母，这些特征必须被规定得很有限，以致没有人会缺少它们——但这样一来，哲学家们就会发现他们陷入了一种窘境：所有人都具有的那些特征并不仅仅只有人类才具有。换言之，如果我们是在维护事实的意义上说所有人都是平等的，那么，至少其他物种的某些成员也是平等的——也就是说，这些物种成员之间以及它们与人类之间都是平等的。另一方面，如果我们是从"非事实"的规范角度来理解"所有人都是平等的"这一命题的，那么，如我们已证明的那样，要把非人类动物从平等王国中排除出去就更加困难了。

这一结论是有违平等主义哲学家的初衷的。因而，大多数哲学家不仅没有接受这种由其理论顺理成章地推导出来的激进结论，反而用一种虚玄的理论把他们对人类平等的信念与动物不平等的信念调和起来。

我们可以把 W．K．弗兰克纳的著名文章《社会公正概念》作为一个例证。弗兰克纳反对那种把公正建立在美德之上的观点，因为他发现，这将导致某些更大的不平等。于是，他提出这样一个原则："……所有人都将被看作是平等的，这不是因为他们在哪一方面是平等的，而仅仅是因为他们是人。他们是人，因为他们有情感和愿望，能够思考，因而能够以某种其他动物所不能的方式来享受美好的生活。"

但是，所有人都具有而动物不具有的这种享受美好生活的能力究竟是什么呢？其他动物也有情感和愿望，而且似乎也能享受美好的生活。我们可以怀疑它们是否能思考（尽管某些类人猿、海豚，甚至狗的行为已表明：某些动物能够思考），但是，平等与能思考又有什么联系呢？弗兰克纳继而承认，他使用"美好生活"一词并不意指："道德意义上的美好生活就是幸福的或美满的生活"，因而思想并不是享受美好生活的必要条件。事实上，强调思想的必要性会给平等主义者带来麻烦，因为只有某些人能够过那种智性的完满生活或德性的美好生活。

这使人很难看清，弗兰克纳的平等原则与纯粹的人之间究竟有多少联系。毫无疑问，每一种有感觉能力的存在物都有能力过种较为幸福或较不痛苦的生活，因而也拥有某种人类应予关心的权益。

在这方面，人类与非人类动物之间并不存在一条泾渭分明的分界线；毋宁说，它们是一个群体连续体，正是沿着这个连续体的发展轨迹，我们逐渐发展出了自己的、与其他动物或多或少有些相同的能力：从享受和满足、痛苦和感受的简单能力到更为复杂的能力。

当哲学家们陷入这样一种境地——他们发现，需要为那种通常被认为是把人类和动物区别开来的道德鸿沟提供某些证据，但他们又找不出任何既能把人和动物区分开来又不动摇人类平等的基础的具体证据时，他们往往就闪烁其词。他们或诉诸人类个体的内在尊严这类美丽动听的词句；或大谈特谈"所有人的内在价值"，好像人们（人类）真的具有其他存在物所不具有的某些价值似的；或不厌其烦地宣称，人类且只有人类才是"自在的目的"，而"人类之外的所有存在物都只相对于人而言才有价值"。

关于人类的独特尊严和价值的这种观念可谓源远流长；它可以直接上溯到文艺复兴时期的人文主义者，例如米兰多拉的《关于人的尊严的演说》。皮科和其他人文主义者把他们对人类尊严的估价建立在这样一个基础之上：在从最低级的物质形式到上帝本人这一"伟大的存在之链"中，人类居于承前启后的中心位置。

这种宇宙观又可追溯到希腊传统和犹太——基督教的学说。现代哲学家已经摆脱了这些形而上学的和宗教的锁链，并且在尚未证明有关人类尊严的理念的合理性之前，就轻率地求助于这种理念。我们为什么不应该把"内在尊严"和"内在价值"的殊荣擅自颁发给我们自己呢？因为普通大众不会拒绝我们如此慷慨地赠予他们的这一殊荣，而我们否认其享有这种殊荣的存在物又无法反对这一点。确实，当我们思考的仅仅是人类时，大谈特谈所有人的尊严是非常开明、非常进步的。在大谈人的尊严时，我们含蓄地谴责了奴隶制、种族歧视主义和其他侵犯人权的行为。我们自认，我们自己完全是站在我们这个物种中最贫穷最无辜的成员的角度来考虑这一问题的。然而，只有当我们把人类仅仅看作是栖息于地球上所有存在物中的一个较小的亚群体来思考的时候，我们才会认识到，我们在拔高我们自己这个物种的地位的同时却降低了所有其他物种的相应地位。

事实上，只有当人类的内在尊严经得起各种挑战时，对它的呼吁才能解决平等主义者的理论难题。为什么所有人（包括胎儿、精神不健全者、心理变态者、希特勒、斯大林和其他人）都具有大象、猪或大猩猩所不具有的某些尊严或价值？一旦这样提问，我们就会发现这个问题非常难于回答，就像我们最初试图寻找某些有关的事实来证明人类和其他动物不平等的合理性那样。事实上，这两个问题实际上是一个问题：谈论内在尊严和道德价值仅仅是把困难暂时掩盖起来而已，因为要圆满地论证所有人且只有人才拥有内在尊严这一论点，就必须要借助于所有人且只有人才拥有某些相关的能力或特征。当哲学家们不能为其论点提供别的理由时，他们常常就引入尊严、尊重和价值这类迷人的理念。但是，这样做并没有使问题得到解决，华美的词句往往是那些才思枯竭的哲学家的王牌。

二、《关于动物权利的激进的平等主义》

——汤姆·里根

我自认是动物权利的捍卫者——是动物权利运动的一部分。在我看来，这个运动力图实现一系列目标。包括：（1）完全废除把动物应用于科学研究（的传统习俗）；（2）完全取消商业性的动物饲养业；（3）完全禁止商业性的和娱乐性的打猎和捕兽行为。

我知道，许多人都声称，他们相信动物的权利，但他们不赞成这些目标。他们说，工厂化的农场是错误的——侵犯了动物的权利，但传统的动物农业无可指责。在动物身上做化妆品毒性测试是侵犯了它们的权利，但重要的医学研究——例如癌症研究却不是。用棍棒猛打海豹幼仔的行为令人发指，但对成年海豹的定期捕杀并不可恶。我曾认为，我能理解这种论调。但我现在再也不理解了。通过修修补补，你不能改变不公正的体制。

我们对待动物的方式的错误（根本性的错误）并不取决于这个或那个不同事例的具体细节。错误出在整个制度。肉用小牛的孤苦伶仃令人同情——揪心裂肺；电极深植于其大脑中的黑猩猩所遭受的那种由脉冲引起的痛苦令人憎恶；被套在捕兽夹中的浣熊的缓慢的、痛苦的死亡使人感到难受。但是，我们所犯的根本性的错误，不是我们给动物所带来的痛苦，不是我们给动物所带来的苦难，也不是我们对动物的剥夺。这些都是我们所犯的错误的一部分。它们有时常常使我们所犯的错误变得更为严重。但它们不是根本性的错误。

犯了根本性错误的是那允许我们把动物当作我们的资源（在这里是指作为被我们吃掉的、被施加外科手术而控制的、为了消遣或金钱而被我们捕杀的动物资源）来看待的制度，只要我们接受了动物是我们的资源这种观点，其余的一切都将注定是令人可悲的。为什么要担心它们的孤独、它们的痛苦、它们的死亡？由于动物是为了我们（这里是指以这种或那种方式使我们受益）而存在的，因此，对它们的伤害确实是无所谓的——或者，只有在这种伤害开始使我们感到烦恼、令我们感到有稍许不安的情况下（例如在我们美餐牛腿肉时）才是有所谓的。

那么，好了，让我们把小牛从孤独的牛圈中放出来，给它们更多的空间、一些干草、几个伙伴。但是，让我们继续保持我们的吃牛腿肉的习惯。

但是，给予小牛一些干草、更多的空间和几个伙伴，这并没有消除，甚至没有触及我们所犯的根本性的错误，即那种与我们把动物当作资源来看待和对待的做法联系在一起的错误。一头在封闭的牛圈中生活一段时间后就被我们杀来吃掉的小牛，是被当作资源来看待和对待的；但是，一头被"较为仁慈地"养大的小牛，也是被当作资源来看待和对待的。要改正我们对被饲养的动物所犯的根本性错误，这需要的绝不只是使饲养方法"更为仁慈"，它需要的是某些完全不同的东西，它需要的是完全取消商业性的动物饲养业。

我们如何取消商业性的动物饲养业，我们是否取消，或者就像把动物应用于科学研究的事例那样，我们是否以及如何废止这种应用，这些问题在很大程度上是政治问题。在改变其习惯之前，人们必须首先改变其信念。在我们拥有保护动物权利的法律之前，必须要有足够多的人，特别是那些被选出来担任公职的人，相信这种改变的必然性，他们必须要努力实现这种改变。这一改变的过程是非常复杂、非常费力、非常劳神的，它需要多方面的共同努力——教育，宣传，政治组织，行动，直至用舌头封贴信封和邮票。作为一名受过训练的实践型哲学家，我能够作出的贡献是有限的，但我还是认为，这种贡献是重要的。

哲学的通货是观念，它们的意义和理性基础，而不是立法程序的具体细节或社区组织的机制。这就是过去 10 年左右我在我的论文、谈话，以及最近在我的《为动物权利辩护》（加利福尼亚大学出版社，1983 年出版）一书中一直在探讨的问题。我相信，我在那本书中得出的主要结论是正确的，因为它们得到了最好的论据的支持。我相信，动物权利的观念不仅具有情感的吸引力，还拥有理性的力量。

根据我在此能够支配的篇幅，我只能以最简略的方式勾勒那本书的某些主要论点。该书的主题（这一主题不应使我们感到惊讶）是探讨和回答深层的基础性的道德问题，包括"道德是什么"、"它应如何来把握"、"最好的道德理论是什么"这类问题。我希望，我能够把我认为是最好的道德理论的某些轮廓告诉大家。这一工作将是（用一位善意的批评者曾用来批评我的著作的话来说）诉诸理智的。事实上，这位批评者曾告诉我，我的著作"过于理智"了。但这是对我的误解。对于我们有时对待动物的某些方式，我的情感与我的那些情绪较为激动的同胞的情感，是同样深层和强烈的。用当今的行话来说，哲学家的右脑确实较为发达。如果我们贡献出来的，或主要应当贡献的是左脑的情感——那是由于我们的情感也很丰富。

我们的探讨如何进行呢？我们首先探讨的是，那些否认动物拥有权利的思想家是如何理解动物的道德地位的。然后，通过说明他们能否经得起合理的批评，我们将测试出他们的观念的生命力。如果以这种方式开始我们的思考，我们很快就会发现，有些人相信，我们对动物并不直接负有义务——我们不欠它们任何东西，我们不可能做出任何指向它们的错误。毋宁说，我们能够做出牵涉到动物的错误行为，因而我们负有与它们有关的义务，尽管不负有任何针对它们的义务。这种观点可称之为间接义务论。

可以这样来解释这种观点：

假设你的邻居踢了你的狗，那么，你的邻居就做了某件错误的事情。但这不是针对你的狗的错误，而是已经做出的错误是一个针对你的错误。毕竟，使他人恼火是错误的，而你邻居踢你的狗的行为令你恼火。

因而，是你，而不是你的狗，才是受伤害的对象。换言之，通过踢你的狗，你的邻居毁坏了你的财产。由于毁坏他人的财产是错误的，因而你的邻居就做了某件错误的事情——当然是针对你的，而不是针对你的狗的错误。你的邻居并未使你的狗受到伤害，就像如果你的轿车的挡风玻璃被弄破了，你的轿车并没有受到伤害那样。你的邻居所负有的牵涉到你的狗的义务不过是针对你的间接错误。更一般地说，我们所负有的与动物有关的所有义务，都是针对彼此（针对人类）的间接义务。

一个人将怎样试图证明这种观点呢？他会说，你的狗不会感觉到任何东西，因而它不会受到你邻居的踢打的伤害；由于你的狗感受不到任何东西，正像你的挡风玻璃毫无意识那样，因此，不用担心会有痛苦出现。有人会这样说，但有理性的人绝不会这样说，因为，最起码的，这样一种观点将迫使任何一个坚持该观点的人接受这样的论点：人也感觉不到痛苦——人们也不用担心发生在他们身上的事情。第二种可能的推论是，尽管在被踢打时，人和你的狗都受到了伤害，但只有人的痛苦才事关紧要。然而，同样的，有理性的人也不会相信这种观点。痛苦就是痛苦，不管它发生在什么地方。如果你邻居给你带来痛苦的行为是错误的（因为它给你带来了痛苦），那么，从理性的角度看，我们就不能忽视或忽略你的狗所感受到的痛苦的道德相关性。

坚持间接义务论（而且还有许多人仍在坚持）的哲学家们已开始明白，他们必须避免刚刚提到的那两个理论缺陷——也就是说，既避免那种认为只有人的痛苦才与道德有关的观念，也避免那种认为动物感受不到任何东西的观点。现在，在这类思想家中，受青睐的观点是各种形式的契约论。

简而言之，这种理论的核心观念是：道德是由人们自愿同意遵守的一组规则组成的——就像当我们签订一个契约时所做的那样（因而也就有了契约论一词）。那些理解并接受契约条款的人都直接与契约有关——拥有由契约提供，且得到契约承认和加以保护的权利。这些签约者还为其他人提供了保护，这些人尽管缺乏理解道德的能力，从而不能亲自签订契约，但却被那些具有这些能力的人所喜爱或关爱。

因此，例如，幼小的儿童不能签订契约，缺乏权利，但是，他们却得到了契约的保护，因为他们是其他人，特别是他们的父母的情感利益所在。因而，我们负有牵涉到这些儿童的义务，负有与他们有关的义务，但不负有针对他们的义务。就儿童而言，我们所负有的义务只是针对他人、常常是他们的父母的间接义务。

就动物而言，由于它们不能理解契约，因而它们显然不能签订契约；由于它们不能签订契约，因而它们没有权利。然而，像儿童一样，某些动物是他人的情感利益的对象。例如，你喜爱你的狗或猫。

因而，这些动物（那些得到足够多的人关心的动物：作为伴侣的动物、鲸鱼、幼海豹、美国的白头鹫）尽管缺乏权利，但仍将得到保护，因为它们是人们的情感利益所在。因而，根据契约论，我并不负有直接针对你的狗或其他任何动物的义务，甚至不负有不给它们带来痛苦或不使它们遭罪的义务；我的不伤害它们的义务，只是我负有的一个针对那些关心它们的处境的人的义务。就其他动物而言，如果它们不是或很少是人的情感利益的对象——例如，农场饲养的动物或实验用动物，那么，我们负有的义务就越来越微小，也许直到变为零。它们所遭受的痛苦和死亡（尽管是真实的）并不是错误，如果没有人关心它们的话。

如果契约论是一种探讨人的道德地位的恰当的理论方法，那么，当用来探讨动物的道德地位时，它就是一种很难驳倒的可靠的观点了。然而，它不是一种探讨人的道德地位的恰当理论，因而，这使得能否把它应用于探讨动物的道德地位这一问题变得毫无实际意义。想一想，根据我们前面提到的（粗糙的）契约论观点，道德是由人们同意遵守的规则组成的。什么人？当然要有多得足以产生重要影响的人数。也就是说，要有足够多的人，以致从总体上看，他们有力量强制执行契约签署的规则。对于签约的人来说，这当然是再好没有了，但对于没被邀请来签约的人来说，这就不太妙了。况且，我们正在讨论的这种契约论并没有提供任何条款来保证或规定：每个人都将拥有机会来平等地参与道德规则的制定。其结果，这种伦理学方法将认可那类最为明显的社会的、经济的、道德的和政治的不公正，从强制性的等级制度到有步骤有计划的社会或性别歧视。根据这种理论，权势即公理。就让不公正的受害者遭受痛苦吧，因为他们愿意。这是无关紧要的，只要没有其他人（没有或只有极少数签约者）关心这一点。这样一种理论抽空了人们的道德感……就好像（例如）南非的种族隔离制度没有什么错似的，如果这种制度只令极少数南非白人感到苦恼的话。一种在关于我们应如何对待人类同胞的伦理学层面都难以令人赞同的理论，当被应用于关于我们应如何对待动物的伦理学层面时，肯定也难以令人赞同。

我们刚刚考察的这种契约论观点，如我已指出的，是一种粗糙的契约论，而要公平地对待那些相信契约论的人，我们就必须注意，还可能存在着其他形式的更为精致、更为微妙、更为精明的契约论。例如，罗尔斯在他的《正义论》一书中就建构了一种契约论，这种契约论要求签约者忽略他们作为一个人所具有的那些偶然特征——例如，是否是白人或黑人、男性或女性、天才或平庸之辈。罗尔斯相信，只有忽略了这些特征，我们才能确保，签约者所达成的正义原则不是建立在偏见或歧视的基础之上的。

尽管与较为粗糙的契约论相比，罗尔斯的这类契约论有了较大的改进，但它仍然有缺陷：它彻底地否认了，我们对那些没有正义感的人——例如，幼小的儿童和智力发展迟缓的人负有直接的义务。然而，我们却有理由相信，如果我们虐待幼小的儿童或智力迟钝的老人，那么，我们就是做了某件伤害了他们的事情，而不只是这样一件事情：当（且仅当）其他那些具有正义感的人对此感到苦恼时，它才是一件错误的事情。既然这样对待人是错误的，那么，从理性的角度看，我们就不能否认，这样对待动物也是错误的。

因此，间接义务论，包括最高明的间接义务论，不能征得我们的理性的认可。所以，不管我们理性地予以接受的是什么道德理论，它都必须至少承认，我们负有某些直接针对动物的义务，就像我们负有某些直接针对我们彼此的义务一样。我将要勾勒的后两种理论都力图满足这一要求。

第一种理论我称之为残酷仁慈论。简而言之，这种理论认为，我们负有一种仁慈对待动物的直接义务和一种不残酷对待它们的直接义务。这些观念虽然带着使人感到亲切和宽慰的光环，但我并不相信这种观点是一种恰当的理论。为说明这一点，让我们来考察一下仁慈。一个仁慈的人是出于某种动机（例如，同情或关怀）而采取行动，这是一种美德。但这并不能保证，仁慈的行为就是正确的行为。例如，假如我是一名慷慨大方的种族主义者，我将倾向于仁慈地对待我自己这个种族的成员，把他们的利益看得比其他种族成员的利益更为重要。我的仁慈是真实的，而且就其本身而言是美好的。但是，我相信，无须解释就可以看出，我的仁慈行为也许难逃道德的谴责——事实上，它也许是完全错误的，因为它植根于不公正。所以，仁慈本身无法确保它自己能成为一种值得加以鼓励的美德，不能成为关于正确行为的理论的基础。

反对残忍的理论也好不到哪去。人们或他们的行为是残忍的，如果人们在看到他人受苦时，表现出来的是对他人的苦难缺乏同情，或者更恶劣，是对他人的苦难幸灾乐祸，那他们或者说他们的行为就是残忍的。残忍，不论它以什么形式表现出来，都是一件可恶的事情——人的悲剧性的堕落。但是，正如一个人的出于仁慈动机的行为并不能保证他所做的就是正确的行为那样，缺少残忍也不能确保他避免做出错误的行为来。例如，许多做流产手术的人都不是残忍的虐待狂。但是，他们的性格和动机并没有解决流产的道德性这一无比困难的问题。当我们（从这一角度来）考察我们对待动物的伦理学时，我们遇到的困难与此并无不同。因此，是的，让我们呼唤仁慈，反对残忍，但千万不要以为，对仁慈的呼唤和对残忍的反对就能解决道德上的正确和错误的问题。

有些人认为，我们正在寻找的理论是功利主义。功利主义者接受两条道德原则。第一条是平等原则：把每个人的利益都考虑进去，而且，必须把类似的利益看得具有类似的分量或重要性。白人或黑人、男性或女性、美国人或伊朗人、人类或动物：每一方的痛苦或挫折都与（道德）有关；而且，每一方的类似的痛苦或挫折都具有平等的（道德）相关性；功利主义者接受的第二条原则是功利原则：选择这样一种行为，这种行为给受该行为影响的每一个人所带来的满足将最大限度地超过该行为给他们带来的挫折。

因此，作为功利主义者，这就是我如何解决我在道德上应当做什么这一问题的方法：如果我选择做这件事而不是另一件事，那么，我必须弄清楚谁将受到影响，每一个人将受到多大的影响，最好的结果最有可能存在于何处——换言之，哪一种行为方案最有可能带来最好的结果，它所带来的满足最大限度地超过它所带来的挫折。这种行为方案，不管它是什么，就是我应当选择的方案。这就是我的道德义务所在。

功利主义的巨大吸引力存在于它所表现出来的毫不妥协的平等主义：每一个人的利益都加以考虑，而且平等地考虑每一个人的类似的利益。某些契约论能够证明可憎的歧视是合理的——例如，种族或性别的歧视。但这种歧视似乎原则上都得不到功利主义的认可，就像物种歧视主义（基于物种成员身份的有计划、有步骤的歧视）那样。

然而，我们在功利主义中发现的那类平等，并不是动物权利或人的权利的捍卫者所向往的平等。功利主义并没有给不同个体的平等道德权利留下地盘，因为它没有为他们的平等的天赋价值留下地盘。对功利主义者来说，具有价值的是个体利益的满足，而不是拥有这些利益的个体。一个能满足你对水、食物和温暖需要的宇宙，在其余情况相等的情况下，要好于不能满足你这些欲望的宇宙。对于具有类似欲望的动物来说，情况也是如此。

但不论是你还是动物，你们自身都不具有任何价值。只有你们的感觉才具有价值。

有一个类比有助于更清楚地说明这种哲学观点：一个盛着不

同液体的杯子——这些液体有时是甜的，有时是苦的，有时是二者的混合。

具有价值的是这些液体：愈甜愈好，愈苦愈糟。杯子——容器本身并无价值。具有价值的是那些进入杯子中的液体，而不是液体要进入其中的那个杯子。对功利主义者来说，你和我就像杯子；作为个体，我们毫无价值，因而也不具有平等的价值。具有价值的是那些让我们体验到的东西，是我们作为容器要去接纳的东西；我们的满足感具有正面的价值，我们的挫折感具有负面的价值。

只要我们提醒自己，功利主义给我们提出的要求是：使我们的行为带来最好的结果，那么，我们就能明白，功利主义将遇到严重的困难。带来最好的结果意味着什么？它当然不意味着给我一个人、我的家庭或朋友，甚或任何单个的人带来最好的结果。不，我们必须要做的大致是这样的：我们必须把可能被我们的选择所影响的每一个人的分散的满足和挫折累加起来，并把满足列为一栏，把挫折列为另一栏。我们必须要把我们面临的每一个行动方案所带来的满足和挫折加起来。当人们说功利主义理论是一种合计理论时，指的就是这个意思。因而，我们必须选择这样一种行动方案，这一方案最有可能使得我们的行为所带来的总的满足最大限度地超过总的挫折。能够带来这种结果的行为就是我们从道德上应当选择的行为——是我们的道德义务所在。而且，这种行为肯定不是那种将给我个人、我的家庭或朋友，甚或一个实验用动物带来最好的结果的行为。

总和起来的、对每一个相关的个人来说是最好的结果，对每一个具体的个体来说未必就是最好的结果。

功利主义是一种总计理论——把不同个体的满足或挫折累计、积累或合在一起——这是反对这种理论的主要理由。我姑母比阿特丽丝尽管身体没有毛病，但她是个衰老、迟钝、古怪、乖戾的人，她想继续活下去。她还很富有。如果我能得到她的钱，那我可真是走大运了；她十分愿意在死后把这些钱留给我，但现在拒绝给我。为避免交大笔的遗产税，我计划把很大一笔钱捐献给本地的一所儿童医院。很多很多的儿童将从我的慷慨捐赠中获得好处，这将给他们的父母、亲戚和朋友带来很大的喜悦。如果我不能很快得到这笔钱，所有这些希望都将变成泡影。突然获得巨大成功的千载难逢的机会眼看就要从手边溜走。那么，为什么不真的杀死我姑母比阿特丽丝呢？当然，我也许会被抓住。但是我并非傻瓜，此外，我还可以指望她的医生与我合作（他很赞赏我的计划；而且，我碰巧非常了解他的不光彩的历史）。

这件事情可以做得……非常高明，我们可以说，被抓住的可能性非常小。尽管我的良心感到自责，但我是一个足智多谋的人，想到我已给这么多的人带来了快乐和健康——当我躺在（墨西哥）阿卡普尔科的海滨时，我将感到心安理得。

假设比阿特丽丝姑母被杀了，其他的事情也按计划进行着。那么，我做了什么错误的事情吗？做了不道德的事情吗？人们可能会想，我做了。但根据功利主义，我没有做错任何事情。由于我的所作所为给受该行为结果影响的所有人带来的总体满足，最大限度地超过了给他们所带来的挫折，所以，我没有做错。确实，在谋杀比阿特丽丝姑母时，医生和我所做的正是义务所要求的。

上述理由可以重复应用于各种各样的场合；它一次又一次地说明，功利主义的观点是如何导致了公正的人发现难以从道德上加以接受的那些后果。以给其他人带来最好的结果为由而杀死我姑母比阿特丽丝，这是错误的。善良的目的并不能证明罪恶的手段的合理性。

任何一种恰当的道德理论都得对此做出说明。功利主义未能说明这一点，因而不是我们所要寻求的理论。

那么该从什么地方重新开始我们的探索？我认为，开始的地方是功利主义关于个体的价值，或者，毋宁说是个体没有价值的观点。在此让我们假设，例如，你和我作为个体确实拥有价值——我们将称之为天赋价值的价值。认为我们拥有这种价值，也就是认为我们是某种不同于，且比纯粹的容器更有价值的存在物。更重要的是，为确保我们不至于滑向奴隶制或性别歧视这类不公正，我们必须相信，所有拥有天赋价值的人都同等地拥有它，而不管他们的性别、种族、宗教、出身等如何。同样的，需要剔除的与（拥有天赋价值的多少）无关的因素还包括一个人的天赋、技能、智力、财富、人格或变态，以及一个人是否被热爱、被崇拜或被鄙视和被憎恨。神童与痴呆儿、王子与乞丐、脑外科医生与水果商贩、德兰修女和寡廉鲜耻的废旧汽车商人，所有的人都拥有天赋价值，都同等地拥有这种价值，而且都拥有获得尊重的平等权利，即以这样一种方式加以对待的平等权利，这种方式不把他们的地位降低到物品的层次，就好像他们是作为他人的资源而存在似的。我的作为个体的价值，是独立于我对你的有用性的。你的价值也不依赖于你对我的有用性。对我们中的任意一方来说，以一种对对方的独立的天赋价值缺乏尊重的方式对待对方，这就是做出了不符合道德的行为，是侵犯了一个人的权利。

这种观点（即我所说的权利论）所具有的某些理智德性是很明显的。不像（粗糙的）契约论，权利论原则上否认所有形式的种族、性别或社会歧视的道德可容忍性；不像功利主义，这种理论原则上否认，我们可以用那种侵犯一个人的权利的罪恶手段来证明好的结果的合理性。例如，它否认，那种为给他人带来有益后果而杀死我姑母比阿特丽丝的行为是道德的。那种做法将准许人们以社会善的名义行不尊重个人之实，而这是权利论永远不会也绝对不会接受的。

从理性的角度看，我相信，权利论是最圆满的道德理论。它说明和揭示了我们对彼此负有的义务——人际道德领域的基础；在这个意义上，它胜过所有其他理论。在这方面，它确实提供了最好的理由，最好的论据。当然，如果我们有可能证明，只有人类才能纳入它的保护范围，那么，像我这种相信动物权利的人就只得寻求别的理论而非权利论了。

但是，我们可以证明，从理性的角度看，把权利论仅仅限制在人类范围内是有缺陷的。毫无疑问，动物缺乏人所拥有的许多能力。它们不会阅读，不会做高等数学，不会造书架，不会玩轮盘赌游戏。然而，许多人也没有这些能力，而我们并不认为——也不应该认为，他们（这些人）因而就拥有比其他人更少的天赋价值和更少的获得尊重的权利。正是这些人（他们最明显、最无可争议地拥有这种价值），例如，读这篇文章的人之间的相同之处，正是我们之间的相同之处，而非我们之间的不同之处，才是与道德有关的最为重要的因素。而我们之间真正关键的、基本的相同之处无非是：我们每个人都是生命的体验主体，每个人都是拥有个人幸福（不管我们对他人有什么用处，这种幸福对我们来说都非常重要）的有意识的存在物。我们需要并喜好某些事情，相信并感觉某些事情，回忆并期盼某些事情。我们的生活的所有这些方面，包括我们的快乐和痛苦，高兴与烦恼、满足与挫折、我们的延续或最终死亡——所有这些对于我们（作为个体所要承受和体验）的生活质量都有着至关重要的影响。

由于这一切对于那些与我们有关的动物（例如，我们吞食和捕捉的动物）来说也是真实的，因而，它们必须要被当作（具有自身的天赋价值的）生命的体验主体来看待。

有些人反对动物拥有天赋价值这一观念。"只有人才拥有这种价值"，他们宣称。如何来证明这种狭隘的观点呢？我们能认为，只有人才具备必要的智力、自律能力或理性吗？但是，有许许多多的人不能满足这些标准，而我们仍然有理由认为，他们拥有高于并超越于他们对他人的有用性的价值。我们能宣称，只有人才属于拥有权利的物种——智人这个物种吗？但是，这是一种明目张胆的物种歧视主义。

那么，我们能认为，所有人——也只有人拥有不朽的灵魂吗？这样一来，我们的反对者就是给自己出了一道难题。我自己不会轻率地接受人拥有不朽的灵魂的观点。就个人而言，我十分希望自己拥有一个不朽的灵魂。但是，我不想把自己的论点建立在一个充满争议的伦理学议题上，该议题讨论的是谁或哪些事物拥有不朽的灵魂这一更是让人们争论不休的问题。那样做无异于把自已陷入更深的思想牢笼中，难以自拔。从理性的角度看，更好的做法是，无须做出那些没有必要而又容易引起争议的假设就能解决道德问题。谁拥有天赋价值的问题就是这样一个问题，即对它的解决无须引入不朽的灵魂这样一个没有必要的观念。

当然，有些人或许会认为，动物拥有某些天赋价值，但只拥有比我们的要少的天赋价值。然而，我们将再次证明，试图捍卫这种观点的努力是缺乏合理根据的。我们比动物拥有更多的天赋价值的依据是什么呢？是它们缺乏理性、自律能力或智力吗？除非我们愿意对那些具有类似缺陷的人做出与此相同的判断（否则，我们不能接受这种论点）。但是，这些人——例如，低能儿或精神错乱的人，事实上并不比你我拥有更少的天赋价值，因而，从理性的角度看，我们也不能证明这样的观点：像他们（作为生命的体验主体）那样的动物拥有较少的天赋价值。所有拥有天赋价值的存在物都同等地拥有它，不管这些存在物是否是人这一动物。

所以，天赋价值是同等地属于生命的体验主体的。它是否属于其他存在物——例如，岩石和河流，树木和冰川，我们不知道，而且，也许永远不会知道。但是，我们也没有必要知道，如果我们是为动物的权利进行辩护的话。在我们确认我是否有资格之前，我们并不需要知道有多少人有资格参加下一届总统选举投票。同样，在我们确认某些个体拥有天赋价值之前，我们并不需要知道有多少个体拥有这种价值。

因而，就对动物的权利进行辩护而言，我们需要知道的只是，动物（在我们的文化中，它们一般都被我们吞噬、猎杀和用于做实验）是否和我们一样都是生命的主体；而我们确实知道，它们是这样的生命主体。

我们确实知道，许多——具体地说是数百亿动物都是我们所说的那种生命主体，因而拥有天赋价值，如果我们拥有这种价值的话。既然（为了获得关于我们对彼此的义务的最好的理论）我们必须承认，作为个体，我们拥有同等的天赋价值，那么，理性——不是情感，不是感情而是理性，就迫使我们承认，这些动物也拥有同等的天赋价值。而且，由于这一点，它们也拥有获得尊重的平等权利。

以上大致就是为动物的权利进行辩护的理论的轮廓和特征。论证的大部分细节都省略了。这些细节可以在我前面提到的那本书中找到。这里，我们暂且不去管这些细节；在本文的结尾部分，我必须就四个问题谈谈自己的看法。

第一个问题是，为动物的权利进行辩护的理论表明，动物权利运动是人权运动的一个部分，而不是它的敌对者。从理性的角度为动物的权利提供证明的理论，也能够为人的权利提供证明。所以，那些投身于动物权利运动的人士，同时也是那些为确保人权——例如，妇女、少数民族和工人的权利得到尊重而进行斗争的人士的伙伴。动物权利运动所依据的道德理论与人权运动所依据的道德理论是完全相同的。

其次，在勾勒了权利论的大致轮廓后，我现在可以说明这一点了：为什么权利论（例如）对饲养业和科学提出的潜在要求既是明显的也是不妥协的。就把动物应用于科学而言，权利论提出的是绝对的废除主义观点。实验动物不是我们的测试器，我们不是它们的国王。由于我们是——一贯地、有计划、有步骤地这样地对待这些动物，就好像它们的价值可以归结为它们对其他存在物的有用性似的，所以，我们总是一贯地、有计划、有步骤地以缺乏尊重的方式对待它们，从而一贯地、有计划、有步骤地侵犯它们的权利。不论把它们用于琐碎的、千篇一律的、毫无必要的或不明智的研究项目，还是用于那些确实有望给人类带来利益的研究项目，都是如此。我们不能够证明，出于类似的理由而伤害或杀害一个人（例如，我的姑母比阿特丽丝）的行为的合理性。我们也不能证明，出于类似理由而伤害或杀害哪怕是像实验老鼠这样低等的动物的行为的合理性。权利论所要求的，不仅仅是改进或减少试验，不仅仅是更大、更干净的笼子，不仅仅是更慷慨地使用麻醉药或取消多部位外科手术，不仅仅是对动物实验体系的修修补补。权利论要求的是取消动物实验——完全取消。就把动物用于科学而言，我们能做的最好事情就是——停止使用它们。根据权利论，这就是我们的义务所在。

权利论对商业性的动物饲养业所持的也是类似的废除主义观点。

这里，根本性的错误不是动物被关在难受而拥挤的圈里，或被单独地关在圈里，也不是它们的痛苦和不幸、需要和偏好被忽视或低估了。

当然，所有这些都是错误的，但不是根本性的错误。它们是那个更深层更系统的错误的症状及其结果，即允许我们把这些动物当作缺乏独立价值的存在物、当作我们的资源（事实上是当作一种可再生资源）来看待和对待的制度。给被饲养的动物更多的空间、更自然的环境、更多的伴侣，这并不能改正那个根本性的错误，就像给实验动物更多的麻药、更干净的笼子并不能改正用动物做实验这一根本性的错误一样。只有完全取消商业性的动物饲养业才能改正这一根本性的错误，正如道德所要求的（出于类似的原因，我在此无法详细展开）无非是完全禁止商业性和娱乐性的打猎和捕兽行为。因此，正如我所说，权利论的含意是明显的，而且是毫不妥协的。

我的最后两点是关于哲学，即我的专业的。十分明显，哲学不能代替政治行动。我在这里以及其他地方写下的文字本身并不能改变现实。只有我们的（以这些文字所表达出来的思想为指导的）行动——我们的活动，我们的行为才能改变现实。哲学能够做的，以及我力图做的，无非是对我们的行动目标做出说明。而且，它说明的是为什么要这样做，而不是如何去做。

最后，我想起了我的一个很有思想的批评者，即我在前面提到的那位批评者。他批评我"过于理智"。确实，我是很理智的：间接义务论、功利主义、契约论——这些观点的内容几乎都是由深层的激情构成的。但是，我还想到了我的一个朋友曾放在我面前的另一个形象——表现有节制的激情的女芭蕾舞演员的形象。长期的辛劳和汗水、孤独与练习、疑虑与劳累，那是对她的技能的训练。但是，这里也充满激情：她有一种强烈的冲动，想出人头地、想通过身体来表达内心的感情、想表达得恰如其分、想震撼我们的心灵。这就是我想留给读者诸君的哲学形象：不是"过于理智"，而是有节制的激情。关于节制的问题我们已谈够了，现在我们来谈谈激情。曾有多少次（而且这种事情经常发生），当我看到被人类掌握着其生杀大权的动物身陷苦境、或读到或听到这类报道时，我的眼泪就止不住地流下来。它们的痛苦、它们的不幸、它们的孤独、它们的无辜、它们的死亡，这些都令我感到生气、愤怒、可怜、遗憾、愤慨。整个造物界都在我们人类施加给这些沉默而孤弱无助的动物的罪恶的重负下呻吟。是我们的心灵，而不是我们的大脑，要求结束这一切，要求我们为了它们而扫除那些支持着我们对它们的全面压迫的习惯和力量。正如书中所言，一切伟大的运动都要经历三个阶段：讥笑、讨论、接受。正是这第三个阶段——接受的实现，既需要我们的激情，又需要我们的克制；既需要我们的心灵，又需要我们的头脑。动物的命运掌握在我们手中。愿我们每个人都为上述目标的实现作出自己的贡献。

三、《我的呼吁》

——阿尔伯特·史怀哲

我要呼吁全人类，重视尊重生命的伦理。这种伦理，反对将所有的生物分为有价值的与没有价值的、高等的与低等的。这种伦理否定这些分别，因为评断生物当中何者较有普遍妥当性所根据的标准，是以人类对于生物亲疏远近的观感为出发点的。这标准是纯主观的，我们谁能确知这种生物本身有什么意义？对全世界又有何意义？

这种分别必然产生一种见解，以为世上真有无价值的生物存在，我们可以随意破坏或者伤害它们。由于环境的关系，昆虫或原生动物往往被认为没有价值。但事实上，我们的直觉意识到自己是有生存意志的生命，环绕我们周围的，也是有生存意志的生命。这种对生命的全然肯定是一种精神工作，有了这种认识，我们才能一改以往的生活态度，而开始尊重自己的生命，使其得到真正的价值。同时，获得这种想法的人会觉得需要对一切具有生存意志的生命采取尊重的态度，就像对自己一样。这时候，我们便进入另一种迥然不同的人生境界。

这时候，善就是：爱护并促进生命，把具有发展能力的生命提升到最有价值的地位。恶就是：伤害并破坏生命，阻碍生命的发展。这是道德上绝对需要考虑的原则。由于尊重生命的伦理，我们将和全世界产生精神上的关联。平时我都尽力保持清新的思考和感觉，而怀着善的信念，时时依据事实和我的经验去从事真理的研究。

今日，隐藏在欺瞒之后的暴行，正威胁着全世界，造成空前烦闷的气氛。虽然如此，我仍然确信真理、友好、仁爱、和气与善良是超越一切暴行的力量。只要有人始终充分地思考，并实践仁爱和真理，世界将属于他。现世的一切暴力都有其自然的限制，早晚会产生和它同等或者超越它的对抗性暴力。可是良善所发挥的作用却是单纯而继续不断的。它不会产生使它自己停顿的危机，却能解除现有的危机。它能消除猜疑和误解。因此良善将建立无可动摇的基础，而追求良善是最有效的努力。一个人在世是不肯认真去冒险为善。我们常常不使用能帮助我们千百倍力量的杠杆，却想移动重物。耶稣曾经说过一句发人深思的至理名言：温和的人有福了，因为他们必承受土地。

尊重生命的信念要求我们去帮助所有需要帮助的人，防治大众疫病的奋斗是永远比不上这种帮助的。我们对旧日殖民地的民众所给予的善良帮助，并不是什么慈善事业而是赎罪，因为从我们最初发现新航线，到达他们的海岸以来，我们已经在他们身上犯下了许多罪恶。所以白人和有色人种必须以伦理的精神相处，始能达到真正的和解。为了实践这种精神，我们应该推行富有将来性的政策：凡受人帮助，从艰难或重病中得救的人，必须互助，并帮助正在受难的人们。这是受难的人们之间的同胞爱。我们对所有的民族都有义务以人道行为及医疗服务来帮助他们。从事这些工作时应带着感谢和奉献的心情。我相信必定有不少人挺身出来，怀着牺牲的精神替这些受难的人服务。

可是，今天我们还深陷在战争的危机里。我们正面临着两种冒险之间的选择。一种是继续毫无意义的原子弹武器竞赛，以及继之而来的原子战争；另一种是放弃原子武器，并寄望美国和苏联以及其他盟邦，能在互相信任的基础上，和平共存。前者不可能为这个世界带来繁荣，但是后者可以给人类带来繁荣与幸福。我们必须选择后者。也许有人会以为他们可以利用原子装备来吓退对方，可是在战争危机如此高升的时刻，这种假设毫不值得重视。

今后，我们的目标是使国家与国家之间的问题，不再以战争的方法来解决。我们必须寻求和平的方法来解决问题。我敢表白我的信心，当我们能从伦理的观点来拒绝战争的时候，我们必定能以谈判的方法来解决问题。战争到底是非人道的。我确信，现代人的理性必能创造出伦理的观点，因此今天我将这个真理向世人宣布，希望它不会只被当作虚假的文字看待，以致被置于一旁。

希望掌握国家命运的领袖们，能致力避免一切会使现况恶化、危险化的事情。希望他们铭记使徒保罗的名言："若是能够，总要尽力与众人和睦。"这不但是对个人之间的关系而言，也是对民族之间的关系而言。希望他们能互相勉励，尽一切可能维持和平，使人道主义和尊重生命的理想，有充分的时间发展，并且发挥作用。

四、《像山那样思考》

——奥尔多·利奥波德

一声深沉的、骄傲的嗥叫，从一个山崖回响到另一个山崖，荡漾在山谷中，渐渐地消失在漆黑的夜色里。这是一种不驯服的、对抗性的悲哀，和对世界上一切苦难的蔑视情感的迸发。

每一种活着的东西（大概还有很多死了的东西），都会留意这声呼唤。对鹿来说，它是死亡的警告；对松林来说，它是半夜里在雪地上混战和流血的预言；对郊狼来说，是就要来临的拾遗的允诺；对牧牛人来说，是银行里赤字的坏兆头；对猎人来说，是狼牙抵制弹丸的挑战。然而，在这些明显的、直接的希望和恐惧之后，还隐藏着更加深刻的含义，这个含义只有这座山自己才知道。只是这座山长久地存在着，从而能够客观地去听取一声狼的嗥叫。

不过那些不能辨别其隐藏的含义的人也都有知道这声呼唤的存在，因为在所有有狼的地区都能感觉到它，而且，正是它把有狼的地方与其他地方区别开来的。它使那些在夜里听到狼叫，白天去察看狼的足迹的人毛骨悚然。即使看不到狼的踪迹，也听不到它的声音，它也是暗含在许多小小的事件中的：深夜里一匹驮马的嘶鸣，滚动的岩石的嘎啦声，逃跑的鹿的砰砰声，道路上云杉的阴影。只有不堪教育的初学者才感受不到狼是否存在，和认识不到山对狼有一种秘密的看法这一事实。

我自己对这一点的认识，是自我看见一只狼死去的那一天开始的。当时我们正在一个高高的峭壁上吃午饭。峭壁下面，一条湍急的河蜿蜒流过。我们看见一只雌鹿——当时我们是这样认为——正在涉过这条急流，它的胸部淹没在白色的水中。当它爬上岸朝向我们，并摇晃着它的尾巴时，我们才发觉我们错了：这是一只狼。另外还有六只显然是正在发育的小狼也从柳树丛中跑了出来，它们喜气洋洋地摇着尾巴，嬉戏着搅在一起。它们确确实实是一群就在我们的峭壁之下的空地上蠕动和互相碰撞着的狼。

在那些年代里，我们还从未听说过会放过打死一只狼的机会那种事。在一秒钟之内，我们就把枪弹上了膛，而且兴奋的程度高于准确：怎样往一个陡峭的山坡下瞄准，总是不大清楚。当我们的来复枪空了时，那只狼已经倒了下来，一只小狼正拖着一条腿，进入到那无动于衷的静静的岩石中去。

当我们到达那只老狼的所在时，正好看见在它眼中闪烁着的、令人难受的、垂死时的绿光。这时，我察觉到，而且以后一直都这样想，在这双眼睛里，有某种对我来说是新的东西，是某种只有它和这座山才了解的东西。那时，我总是认为，狼越少，鹿就越多，因此，没有狼的地方就意味着是猎人的天堂。但是，在看到这垂死的绿光时，我感到，无论是狼，或是山，都不会同意这种观点。

自那以后，我亲眼看见一个州接一个州地消灭了它们所有的狼。我看见过许多失去了狼的山的样子，看见南面的山坡由于新出现的弯弯曲曲的鹿径而变得皱皱巴巴。我看见所有可吃的灌木和树苗都被吃掉，先变成无用的东西，然后则死去。我看见没一棵可吃的、失去了叶子的树只有鞍角那么高。这样一座山看起来就好像什么人给了上帝一把大剪刀，并禁止了所有其他的活动。结果，那原来渴望着食物的鹿群的饿莩，和死去的艾蒿丛一起变成了白色，或者就在高出鹿头的部分还留有叶子的刺柏下腐烂掉。这些鹿是因其数目太多而死去的。

我现在想，正像当初鹿群在对狼的极度恐惧中生活着那样，那一座山将要在对它的鹿的极度恐惧中生活。而且，大概就比较充分的理由来说，当一只被狼拖去的公鹿在两年或三年就可得到补偿时，一片被太多的鹿拖疲惫了的草原，可能在几十年里都得不到复原。

牛群也是如此，清除了其牧场上的狼的牧牛人并未意识到，他取代了狼用以调整牛群数目以适应其牧场的工作。他不知道像山那样去思考。正因为如此，我们才有了沙尘暴，河水把未来冲刷到大海里去。

我们大家都在为安全、繁荣、舒适、长寿和平静而奋斗着。鹿用轻快的四肢奋斗着，牧牛人用圈套和毒药奋斗着，政治家用笔，而我们大家则用机器、选票和美金。所有这一切带来的都是同一种东西：我们这一代的和平。用这一点去衡量成就，似乎是很好的，而且大概也是客观的思考所不可缺少的，不过，太多的安全似乎产生的仅仅是长远的危险。也许，这也就是梭罗的名言潜在的含义："这个世界的启示在荒野。"大概，这也是狼的嗥叫中隐藏的内涵，它已被群山所理解，却还极少为人类所领悟。

五、《诗意地栖息于地球》

——霍尔姆斯·罗尔斯顿

1. 主观价值与客观价值

我们一方面认为，价值（部分地）是由大自然客观地提供的；另一方面又认为，价值只有作为主体体验（尽管与大自然有关）的产物才能呈现出来。如何评价这两种相互矛盾的理论呢？即使在自然科学中，绝对的证据也是难以提供的。我们有希望得到的只是这样一种理论，根据这种理论，我们能够从逻辑上推出某些价值体验。既然如此，那么我们的理论所需要的就只是某种相对的、能够自圆其说的证明。如果我们的理论与价值的表现是相互矛盾的，那么，我们就得估量一下，这种不一致是不是很严重。即使是自然科学方面的伟大理论，也难免要遇到麻烦，更不要说价值理论了；由于我们不可能真正认识到一种纯粹的客观性，因而客观价值理论容易受到人们的怀疑。但是，价值不是某种我们有望不经过兴奋体验就能知道的事物。如果自然中存在着客观价值，那么我们可以预言，它将激起某种体验。这确实不意味着，我们总是赞赏（使我们的偏好得到满足）那些我们要加以评估

（被判断为具有价值）的东西。但是，价值肯定能给人带来积极的体验，尽管这种体验所把握到的价值与作为体验对象的价值有时是风马牛不相及的。有时，体验也会出错（不是真实的体验）；这时，我们肯定是张冠李戴地错认了某种价值，并且（或者）错把大自然中毫无价值的部分当成了有价值的部分。

如果价值只能伴随着意识出现，那么，我们就可以胸有成竹地说，价值不存在于自然中。但这样一来，我们就只能把体验（我们在其中找到了价值）视为各种不同的"假象"来看待了。价值于是就被理解成了某种只存在于（具有评价能力的）主体的创造性思维之中的东西，因为人这一主体所遇到的世界是一个毫无价值的世界；或者，即使是一个有价值的（即能够被评价的）世界，但在人的评价能力对它加以评价以前，它所包含的也只是潜在的价值，而不是现实的价值。这种观点在逻辑上是有困难的，因为它把太多的含义赋予了附带、共鸣、层创进化、潜能和创造这类词语。这些词虽然偶尔有用，但它最终会使我们产生这样一种错觉：评价主体是生存在一个原本毫无价值的世界里；而对于我们所能得出的有关价值体验的结论而言，这个前提是不充分的。

然而，仅仅依靠理论论证是不能驳倒那些坚定的主观主义者的，尽管这会迫使他们采用分析方法。一个人可以坚持这样的观点，即价值（像痒痒、后悔一样）必须是能够被感觉到的，它的存在就是被感知。不被感觉到的价值是毫无意义的。想用理论来驳倒那些对此深信不疑的人是不可能的。我们也很难说，他们的理论是向定义的退却，因为他们在此似乎是十分钟情于内在体验的。一方面，他们是告诉我们，价值是如何触动我们的。另一方面，他们是在给出一个约定的定义。这就是他们使用"价值"一词的方式。

此时，如果转而想想我们的观点，（我们就会发现）它似乎更为接近世界的现实，也似乎更具逻辑说服力。根据这种观点，人们所认识到的世界不同于——同时也丰富了——实际存在的世界。当然，这也只是一种观点，但却是一种具有生态学智慧的观点。科学已经令人信服地向我们展示了，进化的后果（生命、心灵）是如何被进化的前因（能量、物质）决定的，尽管这些后果与其前因之间相隔甚遥。我们没有理由说，所有的价值都是在人类（或高等动物）层面发生的、不可逆的层创进化现象。我们重新确认了延绵的存在之流的价值。价值在层创进化的顶端急剧增加，但它也延绵不绝地存在于那些在此之前的进化事件中。

2. 内在价值、工具价值与系统价值模型

我们现在给出的是一幅描绘创生万物的自然的不同存在层面的简图（图4.1）。在这个金字塔形的图中，愈处于顶层的，价值就愈丰富；有些价值确实要依赖于主体性，但所有的价值都是在地球系统和生态系统的金字塔中产生的。从系统的观点看，主观性的价值从上到下逐渐减弱，而存在于这个塔底的则完全是客体性的价值；但价值却是呈扇形逐步扩大的：从个体到个体的功能再到个体的生存环境。

事物并不拥有自在自为的孤立的生存环境，它们总要面对并适应外部的更大的生存环境。自在价值总是转变为共在价值。价值弥漫在系统中，我们根本不可能只把个体视为价值的聚集地。

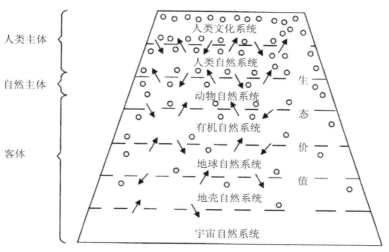

图4.1 创生万物的自然的价值层面

图4.1揭示了处于主要的存在层面的价值之间丰富而复杂的关系。不同存在层面之间的界限不是封闭的，工具价值箭头在这些界限之间随处可见，成为联系个体内在价值的纽带。处于上一层面的价值在相当大的程度上既涵蕴了，也需要处于下一层面的价值：上一层面的价值不是独立的或孤立的，而是需要下一层面的价值支持和维护的。这幅图虽然展示了这一点，但却未能具体地向我们说明，较高层面的价值是如何被较低层面的价值充实的。我们得记住，一幅草图不能代表一部进化史；这里的价值模型也没有充分展示我们所居住的环境的历史过程。

在一个整体主义的环境网络中，"自在自为"的个体的价值，即内在价值，是有些让人怀疑的。尽管生态系统通过进化出个体性和自由，创造出了越来越多的内在价值；但是，如果把这些价值从生物的、公共的自然系统中剥离出来，那就是把价值看成了纯粹内在的和基元的，以致忘记了价值的联系性和外在性。腐殖土壤和溪流是可评价的（能够加以评价），是有价值的（客观地承载着某些价值），因为在由它们组成的环境里，延龄草得以生长，它们为潜鸟在其中鸣叫的那些湖泊提供营养和水源。对种群、物种、基因库和栖息地的关注需要一种合作意识，这种意识把价值理解为"共同体中的善"。每一种内在价值都与那个它从中产生的价值，以及作为其发展目标的价值之间有着千丝万缕的联系。个体的价值要适应并被安置于自然系统中，这使得个体的价值依赖于自然系统。内在价值只是整体价值的一部分，不能把它割裂出来孤立地加以评价。

在整体中，就其所扮演的角色而言，所有的事物都是有价值的；当然，如果某个重要的事物——一株延龄草——被当作某种内在的善来加以保护（当延龄草繁殖并保护其同类时），那么，我们也可以说，这是某种客观的内在的善。如果这样一个事物激发了一种重要的体验，而人们在言说这种体验及其价值时无须扩大他们的关注点，那么，我们就可以说，这种体验是一种主观的内在的善。在此，对延龄草和人的这种体验的评价都无须借助其他价值参照物。

当延龄草被食草动物吃掉或枯死而重新融入腐殖土壤中时，它的价值就消失了，或者说转化为一种工具。实体之间的关系和实体一样真实不妄，事物在它们的相互关系中得以生成和延续。生态系统是一个由多种成分组成的完整的整体，在其中，样式与存在、过程与实在、个体与环境、事实与价值密不可分地交织在一起。内在价值和工具价值彼此变换，它们是整体中的部分和部分中的整体，各种各样的价值都镶嵌在地球的结构中，犹如宝石镶嵌在其底座中，价值的底座就是价值的生养母体。换言之，当人们改变评价的视角来理解价值时，他们就会发现，内在价值恰似波动中的粒子，而工具价值亦如由粒子组成的波动。

3. 冲突与互补：价值的转换

从系统的角度看，价值总是在个体之间不停地转移，生命之流在漫长的进化过程中借此而流向生命金字塔的顶峰。生态系统把个体当作资源不停地加以利用，以此来弥合内在价值和工具价值之间的差异，从而使自然的演变结出了丰硕的果实。作为大自然长期进化的果实，价值是一种财富，就像有机体和进化的生态系统那样。与那种认为所有的价值都需要一个观赏者的正统观点相反，我们认为，只有某些价值需要一个拥有者，而且这个拥有者既可以是个体，也可以是这样一个历史悠久的生态系统，它既把价值传递给个体，又把个体当作价值的传递者。

工具价值并非无足轻重。如果我们发现，资源利用是生态系统中的一个无所不在的现象，那么，资源利用现象的存在就不会令我们感到太难过。对人来说，把所有的事物都当作资源来使用也许是错误的，但把自己视为对别人有用的工具性资源却没什么过错。人们把那些只提高自己的内在价值、却极力避免成为共同体的工具价值的人，评价为狭隘和自私。一个人的内在价值（如创造力）与他为他人提供利益的能力密不可分。美德并不是由那些以自我为中心的品性构成的，而是由那些能给他人带来益处的品性构成的。这对个人、动物和植物都是如此。完美不是变成封闭的自我，而是适应无所不在的整体。

当然，工具价值和内在价值不是均匀地分布在生态系统中的。我们可把它们在不同存在物身上的比例差异大致归纳如下：

第一，无生物拥有最少的（尽管是基本的）内在价值，但在它们所生存于其中的共同体中，它们却拥有极大的工具价值。

第二，就个体而言，植物和无感觉的动物（草、变形虫）拥有较高，但仍然是不太重要的内在价值；比较而言，它们（就群体而言）对生物共同体（它们生存于其中）却有着重要的工具价值。

第三，就个体而言，有感觉能力的动物（松鼠、狒狒）拥有更为重要的内在价值，而一般说来，它们（就群体而言）对生物共同体（它们生存于其中）只具有较不重要的工具价值。当其上层的营养金字塔受到干扰时，生态系统所受到的破坏较小。

第四，就个体而言，人具有最大的内在价值，但对生物共同体只具有最小的工具价值。生存于技术文化中的人类具有巨大的破坏性力量，但很少有，甚至根本没有哪一个生态系统的存在要依赖于处于生命金字塔顶层的人类（这里暂不讨论人在文化中的工具价值）。

第五，内在价值与工具价值的比例随存在物等级的升高而变化，尽管二者总是以某种比率同时出现。随着自主活动能力的提高（这种提高总是受到特定的生态环境的制约），生物身上的个体性价值逐渐超过了其身上的集体性价值，而到了人类这里，个体性价值有时甚至取代了集体性价值。因此，草（尽管是自养生物）所具有的主要是工具价值，而人（尽管是异养生物）所具有的则主要是内在价值。

第六，虽然我们不能依据对生态系统的贡献来评价人的价值，但他们的价值仍将取决于他们是否破坏了他们生存于其中的生态系统。

若无压倒一切的理由，人们不应糟蹋生物金字塔（人类生存于这个塔的顶端），这会给金字塔底层的存在物——生命个体和生态系统——带来非常有害的影响，不利于内在价值、工具价值、个体性价值和集体性价值的相互整合。

第七，人身上的高级价值（在人格和文化中展现出来的个性、自主性和内在价值）的实现，依赖于那些在生物金字塔底层扮演着工具价值角色的生物（能进行光合作用、消化纤维素或分解无生命物质的有机体。独立性只能存在于依赖性之中，这是一组辩证的互补价值。

第八，生活于文化中的人，会经常地获取并转化自然价值——有机体的、物种的、生态系统的价值，这是允许的，也是必要的；但这需要作出证明，这种获取和转化所获得的价值在比例上要与自然界中的价值损失相称，因为人们是为了换取文化中的价值才这样做的。

第九，那些十分稀少、正在遭受过度膨胀的人类文化价值（人口过分稠密、过分发达的社会）所带来的不可逆变化的威胁的原始自然价值（残存的荒野生态系统、濒危物种），理应得到更大的关注。一只美洲鹤所具有的内在价值当然少于一个人所具有的，但在一个只有400只美洲鹤，却有着40亿人的世界上，我们不应为了人的价值而牺牲美洲鹤的价值。人不应为了100万人而毁灭热带雨林中的100万个物种，人们也不该为了给丹佛市的草坪提供更多的水而毁灭弓形白鲑。

第十，创生万物的生态系统是宇宙中最有价值的现象，尽管人类是这个系统最有价值的作品。这里，"有价值的"一词的浅层含义是，人（当他出现后）是能够赞赏那个进化出了他的生态系统的；较深层的含义是，生态系统是能够创造出众多价值的，人只是这些价值中的一种。

L. 埃斯雷赞叹道："大自然是一个超越了神秘和虚无的巨大奇迹。"这与密尔对自然的描述——令人恶心的暴力场所，黑暗而残酷——是何等的大异其趣！这种肯定大自然的光明面的观点更接近真理；它认为，大自然不是一片混乱，而是一个创造性地克服混乱的创生万物的系统。

4. 从是到应该：关于生态系统的事实描述与伦理规范

在环境伦理学中，人们关于自然的信念，既植根于又超越了生物科学和生态科学；这种信念与人们的义务信念有着密切的关系。这个世界的实然之道蕴涵着它的应然之道。在人际伦理学中，人们（有时）认为，一个人的世界观在逻辑上是（或多或少）独立于其道德观的，所以基督教相信，上帝创造的是一个美好的世界，但这个世界却已陷入罪恶的深渊；佛教徒向往的是涅槃境界，他否定上帝的存在，却信守菩萨关于怜悯所有生命的戒律；自然主义者否定超自然物的存在，他们相信，大自然就是它显现出来的那个样子；不可知论者不知道应该相信什么——然而，所有这些人都同意，应当谴责谋杀、偷盗、对婚姻的不忠等等。他们的道德观与其形而上信念并无直接联系。

不管上述现象在人际伦理学中是如何的真实（尽管仍有争论），但在环境伦理学中却不是这样。当然，环境主义者有时也同意政府的环保政策，尽管二者关于自然的概念相去甚远。但是，在很大程度上，我们的价值观得与我们关于（我们生存于其中的）宇宙的观念保持一致。

　　我们的义务观念是从我们关于自然的本质的信仰和我们对自然的评价理论中推导出来的。我们关于实在的存在模式，蕴涵着某种道德行为模式。关于实在的不同模式，虽然有时也蕴涵着某种相同的道德行为模式，但这并不多见。一种认为大自然并不拥有独立于人的偏好的价值的世界模型，所蕴涵的行为模式肯定不同于这样一个世界模型，这个模型认为，大自然创造了所有的价值，在这些价值中，有些是客观的，有些则是人的主体性与客观自然相互结合的产物。

　　这里存在着一个先验的假设：人们应当保护价值——生命、创造性、生物共同体——不管它们出现在什么地方。就像关于一个人应当增进善或应当守信的戒律一样，关于保护价值的义务，也是如此地抽象和笼统，以致如果不加以限定或分析，那么，它基本上就是不容争辩的，因而也不具有真正的理论内涵。只有当某些经验事物被确定为价值的"聚集地"以后，实质性的价值才会显现出来。这里，人们要对大自然的演化作出某些事实判断，这些判断既受人们的生态学意识的影响，也会影响人们的价值判断。在某种意义上，我们决定要加以保护的那些自然过程，只能是那些符合我们关于稳定和完整的概念的过程；这些概念的起源我们并不十分清楚，可能还带有文化的偏见。这种观点虽然具有一定的道理，但是，大自然中那些有价值的事物，绝不仅仅是由人带进和强加给生态系统的；它们是被人发现存在于那里的。

这个评价不是一个科学的描述，因此不是生态学的，而是超生态学的。科学研究尚不能证明，最有利于生物共同体的就是正确的。但是，生态科学激发了对大自然的这种评价理论，并认可了生态系统的正当。这里发生了从是到善从而到应该的转变；我们离开了科学而迈入了评价的领域，从这里可以推导出某种伦理。最大限度地促进生态系统的繁荣的命令，虽然是从生态学中推导出来的，但也是向评价的飞跃。

这种观点首先意味着：对生态系统的生态学描述在逻辑上（即使不是在时间上）先于对生态系统的价值评价，前者引发出了后者。然而，描述与评价之间的联系比这要复杂得多，因为在某种意义上，描述与评价总是同时出现的，很难裁定谁在先谁在后。生态学的描述发现了统一、和谐、相互依赖、创造、生命支撑、冲突与互补的辩证统一、稳定、多样化、团结——这些都得到了价值理论的认可；然而，在某种意义上说，这些价值是被发现的，因为我们是带着一种高度赞赏这些事物的态度来进行研究的。我们在自然中发现的价值，是我们心中的价值的一种反映。但是，生态学的描述不仅强化了这些价值，它还把这些价值揭示给我们看。我们发现，大自然所具有的秩序、和谐、稳定、多样化和团结的特征及其经验内涵，既是由我们带进自然中的，也是从自然中概括出来的。我们心中的价值，是存在于自然中的那些价值的反映。

在后达尔文主义的自然图景中，例如，在密尔为之悲哀的、充满令人恶心的暴力的自然图景中，很多人都寻找不到这些价值。现在，借助生态科学的重新描述，我们发现了这些价值。当然，以前所发现的事实并未被否定，而是根据更宽广的生态学视野给予了重新解释或处理。在这样做时，我们关于和谐、稳定、创造性、团结等的观念也随之发生了改变；现在，我们在以前看不到价值的地方看到了价值。

在生态学描述与价值评价的结合与相互转化方面，令伦理学困惑和兴奋的是，与其说应然是从实然中推导出来的，还不如说是与实然同时出现的。当我们从描述植物和动物、循环与生命金字塔、自养生物与异养生物的相互配合、生物圈的动态平衡，逐渐过渡到描述生物圈的复杂性、地球生物的繁荣与相互依赖、交织着对抗与综合的统一与和谐、生存并繁衍于其共同体中的有机体，直到最后描述自然的美与善时，我们很难精确地断定，自然事实在什么地方开始隐退了，自然价值在什么地方开始浮现了。在某些人看来，实然与应然之间的鸿沟至少是消失了，在事实被完全揭示出来的地方，价值似乎也出现了，它们二者似乎都是生态系统的属性。现在，我们确实在大自然中发现了某种我们应当遵循的趋势——创造生命、维护稳定、保持完整，直至进化出人类从而达到美的顶峰——尽管在大自然中，除了我们之外，不再有别的道德代理人。

5. 自然进化的最高价值和最高角色

从逻辑上讲，关于人处于进化顶峰的这一生态学真理，应当能使人看到他之外和之下的其他存在物的价值，使他形成开放的全球整体观，使他产生一种对自然界具有贵族气派的责任感。因此，我们力图使各种各样的（自然的和文化的）内在价值去适应工具价值和系统价值。我们认为，内在价值是深深植根于其环境中的，尽管在某种意义上，它是一个无须以其他价值参照系作评判标准的重要价值。不论在生态上还是伦理上，都没有任何事物是圆满自足的。我们想要的是某种相互影响的内在价值，人们应赞赏他们的地球环境。在自由和责任之间存在着某种辩证关系。

人际伦理学的目的，就是为了把人们关心的焦点从自我中心推开，使之转向人际共同体中的其他人。单个的自我必须要适应文化对他提出的要求；一个人在伦理上要适应他/她的邻居。这就是从古至今的伦理学所力图实现的主要目标——尊重人的内在价值。人类在培养利他主义以对抗利己主义的斗争中已取得了引人注目的（尽管是不完全的）成功。这使得人们形成了一种人在伦理上具有优先性的观念，而这其实是一种伦理排外主义。人高高在上，只有人才与道德有关。爱邻（人）如己。

从更宽广的生态系统的角度看，这种观点没有意识到：迄今为止，生态系统所容纳的无数相互依赖的物种（它们之间保持着一种冲突与和谐的关系），除非能够因地制宜地适应其环境，否则，它们就不能使自己得到最大的发展。从这个更具包容性的角度看，那些推崇流行的伦理体系的人，对他们在其历史悠久的栖息地中的位置是很无知的，对他们的大多数地球邻居也是熟视无睹的。他们把创生万物的自然的其他部分和进化生态系统的所有产物都当作资源来看待。

从一种狭隘的有机体主义的观点看，这一论点似乎是正确的，因为，在人类出现以前，所有的生物都尽其所能地把其他自然物当作资源来利用。文化只能建立在那些从自然中掠夺来的价值之上。地球上的所有其他生物都只捍卫其同类，人也这样行动，使其同类得到最大限度的发展，而且，通过宣称人是拥有道德关怀能力且值得给予道德关怀的唯一物种，来维护其地位。大自然对人类情有独钟，文化优先于自然。

6. 出现于自然史中的伦理超越

但是，主张这种观点的人文伦理学家，并未真正超越他们的环境。

他们把人的内在价值拔高到了所有其他存在物之上。他们对人的完美的理解是正确的，他们只捍卫他们自己的同类；就此而言，他们并未超出其他存在物；他们与其他存在物处于同一档次，仅仅依据自然选择的原理在行动。在与其他人打交道时，他们是道德代理人；但在与大自然打交道时，他们却没有成为道德代理人。他们没有发现，他们对其栖息地的适应是一种新型的适应。在力图捍卫人的高级价值时，他们的行为与兽类并无二致。传统的人类中心论伦理学力图把人类理解为价值的唯一"聚集地"，认为人超然存在于这个毫无价值的世界之外。这种狂妄的意图阻碍了人性的健康成长，因为它并不知道人的真正的完美性——对他者的无条件的关心。人本应高瞻远瞩，可他们却变得目光短浅。

毋庸置疑，人类已把他们的领地扩展到了地球上的每一个角落，但是，要生活在这个遍布全球的领地上，人应选择一种什么样的恰当的生活方式？是使人的高级内在价值得到最大化的实现，不再关心别的任何事情吗？环境伦理学给我们提供的较好回答是：人应当是完美的监督者——以这样一种方式来运用他们那种在其环境中是如此独特的完美的理性和道德，以致他们能够真正超越其他存在物，实现一种与其环境和谐相处，且对其环境有益的有价值的层创进化。不是把心灵和道德用作维护人这种生命形态的生存的工具；相反，心灵应当形成某种关于整体的"大道"观念，维护所有完美的生命形态。人类与腐殖土壤是同根同源的，二者都由尘土构成，只不过人因赋有反思其栖息地的高贵能力而成为万物之灵。他们来自地球又遍观地球（"人类"一词的希腊语词根 anthropos 的含义就是：来源于、察看）。人类有其完美性，而他们展现这种完美的一个途径就是看护地球。

人的层创进化的一个全新之处，就是进化出了一种能与（只关心同纲同门利益的）自利主义同时并存的（关心同纲所有动物的）利他主义倾向，进化出了一种不仅仅指向其物种，而且还指向生存于生态共同体中的其他物种的恻隐之心。人类应当从伦理学家所说的"万物之母"的角度、站在地球的角度来思考问题，客观地把地球视为一个生生不息的生态系统。当站在这一角度来思考问题后，人类主体就能够从意义的角度来理解地球上那些历史悠久的进化成就，并对这种成就做出自己的贡献。人际伦理学已花了过去两千年的时间来唤醒人的尊严。在我们走向新的一千年之际，环境伦理学要求人们意识到地球上那个更为伟大的生命进化过程，人只是这个过程的一个最重要的部分。

人类是有慧眼的；他们是地球的观察者——现在比过去更为在行。观察的结果，是对人类提出了道德要求——比过去更高的要求。

　　这就是或应该是《圣经·创世记》所说的人的治理的潜在含义，也是我们现在所理解的治理地球的含义。它要求人类超越那种把地球当作资源来使用的观念，而把地球当作栖息地来看待，并用道德来限制人类的政治、经济、科学和技术的行为。成为一位"栖息者"所要求于人的，要远远多于最大限度地利用自然环境，尽管它也要求人们明智地利用自然资源。人需要成为"栖息者"，这里包含的内容要多于成为"公民"。"公民"一词包含有太多的狭隘的政治含义；这个词只适用于价值椭圆形中那些都市价值占主导地位的领域。作为一个观察者栖息在共同体中，要求我们不仅要考虑人对自然物的管理问题，而且更为重要的是要考虑人与自然的道德关系问题。

　　人类应成为赞赏（在发现其中的价值和增添其中的价值的双重意义上）其栖息地的居民。人类是有评价能力的，能够赞赏这个世界，能够发现（而且能够创造）那里的价值。他们能够保持生命的奇迹，因为他们具有好奇的能力。这种主观能力在地球这片客观的神奇土地上正好派上用场。人类价值的主观性与地球价值的客观性相得益彰。

　　人类比其他生命更能"神游于"其他价值。他们能够与其他生命共享某些价值，在这个意义上他们是利他主义者。人类是最重要的价值，因为他们是最重要的评价者。

　　在人类历史的童年，人类需要逸出自然以便进入文化，但现在，他们需要从利己主义、人本主义中解放出来，以便获得一种超越性的视境，把地球视为充满生命的千年福地，一片由完整性、美丽、一连串伟绩和丰富的历史交织而成的大地。这不是对自然的逃逸；而是在希望之乡的漫游。对大自然的这种治理要求我们遵循自然。

在这个意义上，人类或者能够是优越的、高贵的、不同寻常的，甚至（在一种较易引起争论的意义上）是超自然的，在自然之上的。他们摆脱了自发性的环境，因为他们是环境的看护者；他们具有内在的超越性。如果要玩弄词藻，那么我们可以说，人类是地球上的一道风景，因为他们能观赏地球上伟大的生命进化故事（他们是这个故事的一部分）。动物只能从自己的角度来欣赏这个世界，它们拥有单纯的内在性。人类却能从其他存在物的角度来观赏这个世界。怀疑论者和相对主义者可能会说，人类只不过是从另一个角度来欣赏这个世界。确实，当人类把土壤或木材当作资源来赞赏时，他们只是从自己这个物种的角度来欣赏这个世界。但是，人类能够从其他物种和那支撑着这些物种的生态系统的角度来欣赏这个世界；他们研究刺嘴莺，从太空上观察地球。其他任何物种都不可能具有这种超越的观察力和卓绝的慧眼。

7. 栖息者的环境利他主义

环境伦理学并不否认人类价值的优越性；但它并不就此停步。那把人与其他存在物区别开来的，不仅仅是我们所拥有的认识自我和表达思想的能力、发挥自己潜力的能力，它还包括我们欣赏他者、看护这个世界的能力。康德认识到了他者在道德上的重要性，然而，他虽是一个杰出的伦理学家，但他所关注的他者却仅仅是其他人，是那些能够认识自我且能表达其思想的人。环境伦理学号召我们关注非人类存在物，关注生物圈、地球、生态共同体、动物、植物以及那些虽不具有自我意识但却拥有明显的完整性和（独立于人的主观价值的）客观价值的存在物。环境伦理学超越了康德的伦理学，超越了人本主义伦理学，因为它把其他存在物也当作与人并列的目的来对待。环境伦理学家在道德上更具慧眼。他们既能从自己的角度，也能从其他存在物的角度来欣赏这个世界。他们理解了雨果和史怀哲所憧憬的"关于整体的伟大伦理"，他们真正发现了耶稣命令我们去爱的邻居：麻雀（它的衰落引起了上帝的注意）和田野里郁郁葱葱的野百合花。在这个意义上，与人类自我实现的能力一样，诗意地栖息于地球的能力以及与其他非人类存在物融为一体的能力，也是道德的前提条件。在这种伦理看来，实现自我也就是去超越自我。

我们可以说（尽管这会引起争论），根据其伦理学目标来看，康德仍是一个残留的利己主义者。他虽然对伦理主体谆谆教诲道："他们应成为人本主义的利他主义者。"但他本人并不是他们所希望的那种真正的利他主义者。他认为，只有"自我"（个人）才与道德有关；他还没有足够的道德想象力从道德上关心真正的"他者"（非人类存在物）——树木、物种、生态系统。他只是一个人本主义意义上的利他主义者，还不是一个环境主义意义上的利他主义者。然而，人类与非人类存在物的一个真正具有意义的区别是，动物和植物只关心（维护）自己的生命、后代及其同类，而人却能以更为宽广的胸怀关注（维护）所有的生命和非人类存在物。

动物和植物不具有"自我"；他们至多只具有"自身"——

客体性的细胞体，尽管在某些高级动物那里，这些细胞体发展成了一种主体性的"自身"。植物和动物并不具有真正的利他主义精神，即使是那些学会了以互利的方式彼此合作的有一定智慧的动物也不具有。这并不是在责难动物和植物，因为它们不是，也不可能是道德代理者。但这确实道出了人类与非人类存在物的一个重要区别，这个区别对于理解人类的道德潜能极为重要。人类能够培养出真正的利他主义精神；当他们认可了他人的某些权利——不管这种权利与他们的自我利益是否一致——时，这种利他主义精神就开始出现了，但是，只有当人类也认可他者——动物、植物、物种、生态系统、大地——的权益时，这种利他主义精神才能得到完成。在这个意义上，环境伦理学是最具有利他主义精神的伦理学，它真正地热爱他者。

它把残存的私我提升为栖息地中的利他主义者。这种终极的利他主义是或应该是人类的特征。在这个意义上，最后产生的人类这个物种是最伟大的物种；而这个理解了现代环境伦理学的晚生物种，是第一个发现了发生在地球上的伟大生命故事的物种。这个晚生的物种扮演的是榜样的角色。

在地球上，只有人类——通过他们的理性、道德、世界观，他们理解和敬佩自然界的主观经验——才能够客观地（至少在某种程度上）评价非人类存在物（从有机体到生态系统）的技能、成就、生活和价值；而这种客观评价（欣赏自然中的客体）的主观能力（主体的能力），是一种值得格外加以赞赏的高级价值。这种能力应该得到实现——饱含仁爱地，毫无傲慢之气地。那既是一种特权，也是一种责任，既是赞天地之化育，也是超越一己之得失。

8. 以个人身份栖息于环境中

环境伦理并不只是想从丰富多彩的生活中抽象出某些普遍性的法则（如果存在这类规则），或构筑一套适用于全人类的义务体系。一种伦理需要某种关于整体的理论、关于地球的世界观，但它并不是一个消除了多样性的法则统一体，也不是某种无视历史的道德律。伦理不是某种不打上道德代理者的个人生活经历、文化认同、个人体验和选择的烙印的东西，而是一种要求打上这些烙印的理论。道德的观点要考虑到不同层面的存在物——人类、动物、有机体、物种、生态系统，但它也必须属于某个有名有姓的个人，这些人或生活在蒙大拿州、犹他州、纽芬兰岛，或生活在高原草原或科德角海滨。我们在前面曾说过，我们需要的是一种全球主义的伦理，现在，我们需要的是一种地方主义的伦理。伦理需要一种世界观，但它只能存在于具体的生活世界中。伦理不仅仅是一种理论，而是"生活之道"。伦理必须要在个人的具体生活中得到体现，正如物种必须要由具体的生物个体来显现一样。人类是道德监督者，但更是道德实践者。他们必须要解决其生活中遇到的各种问题；而在解决这些问题时应遵守一定的道德。

伦理学必然是包含着普遍性要求的理论，但这种理论必须允许并要求伦理原则能被具体而独特的个人所实践。这些个人不是孤立的笛卡儿式的自我，与他的外在世界相互隔绝，而是与他的对象世界保持着具体的联系的主体性的"我"。关于家园的理论

（生态学）最终得用叙事的形式表述出来，人不是脱离肉体的纯理性的存在，而是与历史密不可分的有机存在物。性格总是在某些戏剧性的情景中得到展现，它的形成离不开历史。在文化中，我们对此都耳熟能详，但这在人与自然的关系中也是真实的。毕竟，人在大自然中的地位，并不是一个超然的理念观察者。根据我们在前面提出的辩证法理论，我们现在要把人理解为与特定的时空环境密不可分的存在者。如果整体主义的伦理真的想融入人类的历史中，那它就必须要一以贯之地对那些重要的历史事件发生影响，否则，它就不可能具有真正的客观性。它就不可能与人类实际适应其生存环境的方式相契合。

有时，生存于世界中的人，似乎是置身于一个变化多端的万花筒般的世界中；但生活要比也应该比万花筒丰富得多。万花筒般的世界图景固然美丽，但它却缺乏历史的深度。相反，存在于大自然中的个人，是在其特殊的生活环境中度过自己的一生的。自然史中的某些事件，只是生命故事的插曲，这些事件本身或许就具有价值，它们的这种价值无须依据其他价值参照系就可得到确定。一个人要证明日落、瀑布旁的野餐、刺嘴莺的欢鸣的价值，也无须把它们与其职业生活联系起来。这个世界上充满了零散的故事情节，它们相互穿插、相互冲突，构成了一幅包含着各种可能的故事情节的"故事网"，尽管只有某些故事情节有可能变成为现实。在某些因果必然性的推动下，在生态系统的生命网的支持下，在文化力量的强化下，许多生命故事逐渐走向高潮，尽管其中也不乏低潮。

人的生命故事的一个主要特征就是，它总是以个人传记的形式表现出来。在这个意义上，人们并不想让大自然的所有价值（恰如他们不想让生活中的善）都依次逐一地、毫无内在联系地展现出来，像一串珍珠那样——每个珍珠都很完美，但它们之间却缺乏有意义的内在联系。人类想诗意地栖息于其中的大自然，是这样一个大自然：它虽历经沧桑，但却把生命的过去、现在和未来整合成一幅有意义的故事图景。这并不是要把大自然仅仅当作创作人类故事的工具，正如我们在生活中并不仅仅把同伴当作工具来对待。毋宁说，我们已经领悟了"生命存在于共同体中"这一观念的最丰富的内涵。根据这一观念，所有的生命都对这个可以在其上诗意地栖息的地球作出了贡献。

为了弥补我们在前面提出的全球性观点的不足，我们现在要探求的是一种具有地域性的观点；不是把人理解为从某个原初位置环视一切的完美的观察者，而是理解为我们周围的生命故事的活生生的参与者。我们必须用内在性来补充超越性。

在这个意义上，环境伦理需要植根于有地方特色的环境之中，植根于对自然物的特殊欣赏之中。这并不是说，环境伦理要植根于一个固定的地方，而是说，它要适应各个不同的地区，打上各个地方的自然环境的烙印，这样，它才能成为那些极具戏剧性的个人生活的一部分，成为诗意地栖息的一部分。自然主义者和环境主义者的生活不是，也不应是由松散的生活片段组成的；他们的生话将是由日常的生活事件组成的连贯的故事；有些事件在被整合进较大的生活故事中去以后，就变成了生命故事的迷人篇章。没有这种整合，即使是那些最丰富的人生经验也索然无趣。这种诗意的栖息方式，使一个人在大自然中占有一席之地。

环境伦理学本身的历史，与具体个人的独特生活经历密不可分。

环境伦理原则的合理性，要由环境伦理学家所生存于其中的社会文化背景来决定。

居住在同一个地方的人，会有不同的栖息体验；栖息在不同的自然环境，以及（概而言之）在地理位置和历史背景方面都各不相同的文化环境中的人，也会产生各异的栖息感受，这使得不同的人对自然环境的敏感程度各不相同，这一切都增加了地球上的人类共同体（即一群以一种敏感而负责任的方式与其自然环境共同生活在一起的人）的丰富性。人类共同体中的这种丰富性和多样性使得一种更为高级的价值复合体（它比存在于人之外的自然界中的价值更为高级）的存在以及在时空范围内的延续成为现实。大自然的生命故事，与欣赏它的文化故事结合起来后，就导致了更为伟大的价值事件的产生，这些事件比那些单独地发生在自然领域或文化领域中的事件更为伟大。

这是一种系统性的、共同体的成就。它产生于亿万个心灵与大自然的亿万次碰撞，尽管每次碰撞都只发生在一个地方和一个心灵身上。正如我们曾赞美过的生态系统——在其中，无数不同个体的技能和成就、它们的冒险和生存竞争都被整合成了一个整体，在这个整体中，个体既最大限度地适应其环境，同时又有足够的自由空间以保持其个性。同样的，现在，在文化共同体中，无数个人的独具特色的栖息方式也被整合进了对大自然的全球性的关照之中，这种全球性的关照是任何个人的关注都望尘莫及的，尽管每个人都对这种关照作出了贡献。那种以常规的、普通的、普遍的方式发生的有价值的行为（人对地球的关照），不过是不同的、地方性的、特殊的、个人的关照行为的总和。我们每一个人的具体的栖息方式，被整合成了某种超越了个人的有限性的、有关人类整体在这个地球上的生存的宏伟史诗。

人类的文化有助于人类在地球上的诗意地栖息，这种文化是由智人这个智慧物种创造的。世界上存在着许多各有千秋的栖息方式，但只存在着一部有关人在地球上的栖息的完整故事。在这个意义上，我们正在讨论的私人伦理学，再次结出了法人伦理学的果实。但这之所以成为现实，也仅因为那些个人性的栖息方式累积成了一种对地球的整体关照。由于有了这种地域性和全球性的栖息方式，伦理学将自然化。通过做出对其栖息地有益的行为，智人将能使他们自己的利益得到最大限度的实现。诗意地栖息是精神的产物；它要体现在每一个具体的环境中；它将把人类带向希望之乡。

我们所扮演的是这样一种角色，即依据一种具有地域性、全球性和历史性的伦理，生活在地球上，阐释地表上发生的一切，并选择地表上那些令我们挚爱的一切。我们接受一个我们愿意接受且乐于融入其中的世界。在这个意义上，我们需要的是一种带有情感的环境伦理，但不是那种只有感情（像这个词通常所表明的那样）的空洞无物的伦理。这种伦理存在于人对其周围自然环境的精心呵护之中，存在于心灵的三个部分——理性、情感、意志——对大自然的真正适应之中；这种适应是对大自然（在其中，心灵得到展现）的创造性的回应。在这种伦理中，知识就是力量，就是爱，就是信心。人在大自然中所占据的并不是最重要的位置；大自然启示给人类的最重要的教训就是：只有适应地球，才能分享地球上的一切。只有最适应地球的人，才能其乐融融地生存于其环境中。但这不是以不自然或不近人情的方式屈服于自然；它实际上是为了获得爱和自由——对自己的栖息环境的爱以及存在于这个环境中的自由——所做的冒险。从终极的意义上说，这就是生命的进化史诗所包含的、现在又被环境伦理学高度概括了的主题：生存就是一种冒险——为实现对生命的爱并获得更多的自由，这种爱和自由都与生物共同体密不可分。这样一个世界，或许就是所有各种可能的世界中最好的世界。

六、《伦理学的扩展与激进环境主义》

——罗德里克·弗雷泽·纳什

人与大自然的关系应被视为一种由伦理原则调节或制约的关系——这种观点的产生是当代思想史中最不寻常的发展之一。有些人相信，这一观念所包含着的从根本上彻底改变人们的思想和行为的潜力，可以与17～18世纪民主革命时代的人权和正义理想相媲美。

下面的两个图可以帮助我们说明这些思想，尽管冒着不可避免的简单化的风险。

第一个图应看作一个理想类型，而非任何特殊个人或团体的实际思想的历史描述。图4.2试图展示那些相信道德是进化或发展的人的观点。图中左侧的时间线表明，伦理观念的出现最初取决于一种将正确和错误概念化的精神能力的发展。即使那时，在很长一个时期内，道德常常也要受自利的困扰，正如某些道德现在仍然受到自利的困扰那样。尽管如此，有些人还是扩展了伦理思考的范围，使之包括了人类的某些群体，如家庭和部落成员。在此，记住这一点是很重要的：作为控制行为的自我约束因素，道德带有很强的理想色彩。尽管有些人会自杀和杀害其家庭成员，但仍然存在着适应于这类行为的是非概念，以及保证社会理想得到实现的法律。

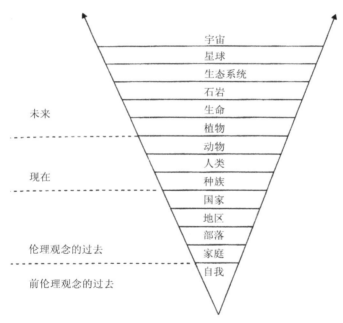

图4.2　伦理观念的进化

地理上的距离逐渐不再是人际伦理学的障碍，人们终于开始摆脱民族主义、种族主义和性别歧视主义的枷锁。在这一过程中，1865年美国奴隶制度的废除是一个重要的里程碑。人们不再属于别人所有，伦理学也超越了"种族"的界限。黑人、妇女和所有人都沐浴在伦理关怀的阳光中，尽管在实践上并非总是如此。但是，"物种歧视主义"和"人类沙文主义"仍被坚持着，动物的权利成了道德扩展的下一个逻辑阶段。到了20世纪70年代，英美思想界对彼得·辛格首次提出的"动物解放运动"给予了愈来愈多的支持。与此同时，一个律师通过提出"人类应赋予树木以法律权利"的观点而提高了伦理学的筹码。

道德的进一步扩展几乎是不可避免的。早在1867年，约翰·缪尔就提出要尊重"所有其他创造物的权利"；1915年，阿尔伯特·史怀哲讨论了"敬畏生命"的伦理；同年，美国园艺家利伯提·海德·贝理呼吁从道德上关怀"神圣的地球"；1940年，为说明生态学对伦理学的冲击，奥尔多·利奥波德呼唤一种整体主义的生物中心道德，他称之为"大地伦理"；最近，又有人呼吁"大自然的解放"、"生命的解放"、"地球的权利"，甚至要保卫太阳系和宇宙的权利使之免遭人类的蹂躏。

以伦理为导向的新环境主义运动更是给这种前所未有的观念推波助澜。别具一格的"深层生态主义者"正在推进"生态平等主义"。

一位教育家用"歧视自然"的词汇来讨论对环境的滥用，并明确地把这种滥用与种族、性别、民族和经济歧视联系起来。他最大的抱负是解放地球。生态神学家建议一种以上帝的创造物（包括从逊原子微粒到螺旋星云的所有事物）的"精神平等"为基础的道德。一位基督教环境主义者准备捍卫上帝之国（它已扩展到整个生态系统）的所有"公民"的"不可剥夺的权利"。一位获得普利策奖的诗人呼唤一种"终极民主"，在其中，植物、动物和人类一样都是权利的拥有者。《环境法》杂志发表了一篇主张修改宪法的文章，主张未经法律程序，不得剥夺野生生物的生命、自由或栖息地。很明显，那些把自由主义局限于人的自由的古老界限正在被突破。

图4.3简要回顾了英国和美国把权利扩展到被压迫的少数群体身上去的历史过程。位于图中心的是可追溯到希腊罗马法律体系的天赋权利传统和内在价值观念。图中列举的是把新的少数群体包括进伦理关怀的范围中来的重要文献。图4.3并不意味着，这些少数群体在既定的时间内就在理论上和实践上立即获得了完全的权利，也不意味着在确定少数群体的权利方面，只有图中的文献才是重要的。它的目的仅仅是要展示，道德的范围在漫长的岁月中逐渐扩大了，而有些思想家和行动家现在认为大自然（或它的某些组成部分）应从人类的统治下获得解放。对于相信这种观点的人来说，天赋权利确实发展到了把大自然的权利也纳入到权利范畴中来的阶段。

毫无疑问，这类观点处于道德理论的前沿地带。从思想史的角度看，环境伦理学是革命性的；在人类思想的进程中，它无疑是对道德的最具戏剧性的扩展。本书以下章节所要讨论的许多理论都是混乱、矛盾和不一致的；但这也是观念史的一部分。不过，我们还是要提醒自己，人们目前仍未能完全解释清楚人与人之间的道德。对历史学家来说，重要的是这一事实：近年来，许多人发现，非人类生命和无生命的事物也有道德地位这一观念是令人信服的。可大多数人仍然认为这一观念是不可信的，但是，只要

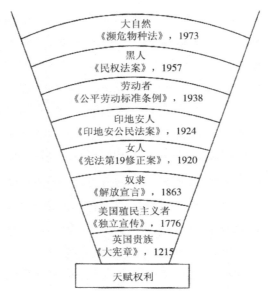

大自然
《濒危物种法》，1973

黑人
《民权法案》，1957

劳动者
《公平劳动标准条例》，1938

印地安人
《印地安公民法案》，1924

女人
《宪法第19修正案》，1920

奴隶
《解放宣言》，1863

美国殖民主义者
《独立宣传》，1776

英国贵族
《大宪章》，1215

天赋权利

图4.3　不断扩展的权利概念

看看图4.3列举的变化，历史学家就会发现，当有人第一次提出，要使美国的殖民者获得独立、要释放奴隶、要尊重印地安人的权利、要学校同时兼收白人和黑人学生、要给宪法增加平等权利修正案的时候，许多人也表示出了类似的不信任。正如约翰·斯图亚特·密尔指的那样："每一个伟大的运动都必须经历三个阶段：嘲笑、争论、接受。"克里斯托弗·斯通提醒我们说，在这一过程中发生的事情是，那些"不可思议的"事情变成了司空见惯的事情——这有时候（如斯通所指出的那样）是通过缓慢而平静的立法和法律手段实现的，但经常地却是通过激烈的变革实现的。

　　问题总是表现为，某些群体通过否认其他群体（或大自然）的道德权利而获利，他们不愿放弃这些利益。法律和制度的改变常常要诉诸暴力。美国革命毕竟是一场战争，奴隶制问题在美国并不是通过谈判加以解决的。出于类似的原因，我们也没有理由期望，在废除"对地球的奴役"（这一概念由利奥波德首次提出）的过程中会不伴随着剧烈的社会混乱。这一结论还得到了下述现象的支持：近年来，为保卫鲸鱼、海豹、红木和荒野，人们不仅采取了不服从的行为，而且采取了暴力行为和违法行为。"地球优先"组织的成员都团结在"毫不妥协地保卫地球母亲"这一口号的旗帜下。一个半世纪前，威廉姆·洛依德·加里森曾大声呼吁"不要与蓄奴者妥协"。当代的动物解放主义者把自己比作曾在 1859 年偷袭弗吉尼亚的哈珀斯渡口的约翰·布朗。哈里·比切·斯托的《汤姆叔叔的小屋》（1852）和蕾切尔·卡逊的《寂静的春天》（1962）拥有共同的道德观点。绿色和平组织的一位发言人于 1979 年宣称："不管愿意与否，人们终将不得不用暴力来反对那些继续亵渎环境的人。"一个参加动物解放阵线袭击动物研究实验室的人认为，她的政治立场类似于"南北战争前那些为逃往北方或加拿大的黑奴提供秘密通道的人和反对奴隶制的人的立场，……人们有时不得不超越法律的界限……任何一种改造社会的运动都需要反抗"。亨利·大卫·梭罗肯定能理解她的这一观点。但是，即使是法律，如《海洋哺乳动物保护法》（1972）和《濒危物种法》（1973），在某些人看来也体现了这样一种独特的观念："在美国，那些被列入法律中的非人类栖息者获得了某种特殊意义上的生命权和自由权。"

　　一种环境保护的伦理观点（而非经济观点）就蕴含在这些观念中，它的出现有助于解释美国资源保护运动的特点的改变。当代美国历史学最重要的洞见之一，就是发现了"环境主义"（它出现于 20 世纪 60 年代）和以往人们所说的"资源保护主义"之间的本质区别。当吉福德·平肖于 1907 年给它命名时，资源保护主义已在美国的主流文化中站稳脚跟。进步的资源保护主义者尽其所能地把他们的思想种子播撒在国家的发展和强大这片肥沃的土壤上。功利主义和人类中心主义是早期的资源保护运动的特点。美国林业局第一任局长平肖曾多次指出，资源保护运动并不意味着保护或维护大自然。相反，它是为了明智而有效地利用自然资源。它的理想仅仅是从长远需要出发来控制自然并为人类提供物质利益。在这种哲学的指导下，修建水库的垦荒局和生产木材的林业局成了 20 世纪早期资源保护运动的代表。但仅仅半个世纪后，这些机构却发现自己成了新生的环境主义者猛烈攻击的对象。他们宣称，把河水拦在水库中和将一片林区的树木全部砍光，这不仅是侵犯了人类体验和欣赏大自然的权利，而且侵犯了大自然本身的权利。

发生这种变化的部分原因是生态科学的兴起，以及由它所唤起的广大民众的生态热情。通过创造一种具有生物共同体意蕴的新概念，生态科学也为道德共同体提供了一个新的基础。的确，"生态学"一词有助于我们理解 1960 年以后的环境主义运动，恰如"效率"一词有助于我们理解 19 世纪与 20 世纪之交进步的资源保护思想和保护所谓"自然资源"的第一次高潮的兴起。如果说，正如萨谬尔·海尔斯指出的那样，西尔多·罗斯福和吉福德·平肖时代美国的资源保护主义者信奉的是"效率的福音"的话，那么，新的环境主义者认可的则可以说是（我在其他地方所称的）"生态学的福音"。

当代关心自然的准宗教热情以及它的某些政治抗议活动，可以视为是把这种观念——尊重环境是一个伦理问题，而不仅仅是一个经济问题——引入了传统的、功利主义的资源保护运动的结果。

但是，这种说法意味着什么呢？概而言之，环境伦理学意味着两点：第一，有些人相信，从人类利益的角度看，保护大自然是正确的，而滥用大自然（或其组成部分）则是错误的。这种观点把一种前所未有的道德意蕴赋予了资源保护的审慎理论或功利理论。但是，环境伦理学的更激进的含义、而且是真正促使美国的自由主义突破其思想局限（或如某些人所说的，超越了自由主义的思想局限）的含义在于，它认为大自然拥有内在价值，因而也至少拥有存在的权利。这种观念有时被称为"生物中心主义"、"生态平等主义"或"深层生态学"，而且，它把一种至少是与人相等的伦理地位赋予了大自然。它的对立面是"人类中心主义"，后者认为人类是所有价值的尺度。这两种观点的不同，类似于那种认为残酷对待动物有害于人（犹如英美以往的仁慈主义者相信的那样）的观点与当代那种相信残酷对待动物是侵犯了动物的权利的观点之间的不同。从环境伦理学的这两种含义出发，环境主义或认为人们有权享有一个健康的生态系统，或认为生态系统本身拥有存在的权利。

当然，大自然没有要求这种权利。有些道德哲学家也怀疑，是否存在着像"大自然的权利"这类如此抽象的东西。但是，正如我们将见到的那样，其他人则十分自信地使用这个词。同时，他们也承认，狼、枫树和高山确实不会向人祈求其权利。人类是有责任为这个星球上的其他栖息者的权利进行辩护并予以捍卫的道德代理人。这样一种权利观意味着，人对大自然负有义务和责任。环境伦理学要求人们通过自我约束，把道德扩展到环境中去：

大多数人都认为，"自由"是美国思想史中最具活力的一个概念。作为欧洲民主革命和北美拓疆（如弗里德里克·杰克逊·特纳所说）的产物，自由主义说明了我们国家的起源，描绘了我们代代相传的使命，规定了我们的道德。天赋权利是美国的一个既定的文化前提，更是一个不容怀疑的理想。美国人对个人的善和内在价值所抱有的自由主义信念，导致他们追求自由、政治平等、宽容和自主。美国历史中最成功的改革都是以这种自由主义传统为依据的。20世纪60年代，当环境主义者开始谈论大自然的权利，并想把这个被压迫的新的少数群体从人类的专制统治之下解放出来的时候，他们运用的就是自由主义的话语和理想。在被赋予伦理色彩并融入美国的自由主义传统后，古老的资源保护主义变成了新的激进环境主义。

新环境主义的批评者攻击这个运动的破坏性影响，指责它不仅是非美国的，而且是反人类的。据说，新的"生态变态者"和"德鲁伊特"顽固地阻碍美国梦的实现。有趣的是，许多环境主义者接受了，甚至欢迎这一略带破坏色彩的形象。1969年，保尔·雪帕德骄傲地说："自然主义者似乎总是反对某些事。"

雪帕德的观点出现在一本书名中带有"颠覆"一词的著作中。事实上早在1964年，保尔·西尔斯就使用那个词来概括生态学所包含的宽广意涵；7年后，政治科学家林顿·考德威尔指出了"生态学的颠覆意蕴"。之所以要使用如此夸张的形容词，是因为美国那种追求无限增长、强调竞争以及统治自然的倾向与那种强调稳定和相互依赖的生态学理想、与那种要求把非人类存在物和生物物理过程纳入共同体中来的共同体意识格格不入。因此，雪帕德通过引征传统的美国价值和行为准则总结说："生态学意识形态是反抗运动的意识形态。生态学意识形态中的蕾切尔·卡逊和奥尔多·利奥波德都是颠覆性的人物。"

当代的环境主义哲学家，如默理·布克金，进一步发展了这种观点，他们号召彻底摧毁美国的"宪法和伦理构架"。布克金冷静地预言道，没有这些"革命性的变革"和一个无政府主义的"生态社会"的建立，"人类在地球上的存在就将结束"。赫伯特·马尔库塞认为，"大自然的解放"取决于一场反对美国的经济和政治传统的"即将发生的革命"。小威廉姆·科顿写到，除非进行一场"革命性的改变"，否则，现代文明的崩溃将不可避免。西尔多·罗斯雷克同样号召为捍卫地球的权利而摧毁和彻底改变美国的理想和制度。他也认为，当代的环境主义"从根本上说是颠覆性的"，因为它的唯一目的就是"解构"当代美国的社会和文化。深层生态学家补充说，真正有意义的改革在于重新建构这个国家的占统治地位的社会范型。从这些观点的角度看，似乎很难把一个新的美丽的生态世界建立在美国文化的基础之上。

新环境主义者对美国传统的许多批评都是言之有据的，但是在接受一种颠覆性的反文化态度时，他们忽视了一个重要的具有典型美国特征的保护大自然的思想基础：天赋权利的哲学，这正是他们应用于大自然的古老的美国式自由思想。即使我们相信，当代环境主义运动最激进的派别促进了美国生态共同体中那些被剥削和被压迫的成员的解放，它也不应被理解为是对传统美国思想的背叛，而应被理解为是对美国传统哲学的扩展和新的运用。我们应当用这一认识——环境伦理学的目标是要使那些和美利坚合众国同样古老的自由主义价值得到实现——来降低环境伦理学的所谓颠覆性色彩。这也许没有减少现代环境主义的激进性，但它确实把现代环境主义进一步纳入了美国的自由主义传统中；毕竟，美国的自由主义曾经也是一种革命性的思想。最后，从这个角度看，以伦理为导向的环境主义者的目标在美国文化的框架内会比他们自己所相信的更容易得到实现。

第五部分 建立和谐生态伦理

随着社会的不断发展，人与自然、人与环境的关系也在进行更新和调整。如何更好地处理人与自然、人与环境的关系，我们有必要建立符合生态伦理要求的法律法规制定；有必要对人类的工农业生产活动、生活方式和行为、处理国际关系的途径进行法律的、道德的调控；有必要通过建立自然保护区的方式，为自然、也为人类自己创造一片"原始的圣地"。所有的这些，都需要全人类的共同努力，都需要全世界的通力合作。

一、建立生态制度

生态制度，是指以保护和建设生态环境为中心，调整人与生态环境关系的制度规范的总称。在理顺人与自然的关系，维持生态环境健康良性发展上，生态制度可以发挥明显的作用。

根据不同的分类标准，生态制度可以分为不同的类型。根据生态制度是规定在单行规范性文件里还是规定在综合性规范性文件里，我们可以把生态制度分为单行生态制度和附属生态制度。单行生态制度，是指由一个单行规范性文件专门规定的生态制度。附属生态制度则是指，在一个综合性规范性文件里规定了一项或若干项生态制度。

根据生态制度是否具有强制性，我们可以把生态制度分为刚性生态制度和柔性生态制度。刚性生态制度，是指具有强制性，必须严格执行的生态制度。如果违反了这些制度，行为人将承担相应的法律责任。柔性生态制度，是指没有强制力，仅存于伦理道德层面的行为规范。即使违反了这些规范，我们也不能运用法律、法规来解决，而只能依靠社会舆论、人们的谴责、对环保的信念等手段，促使人们共同遵守生态环境保护制度。

　　另外，根据生态制度是表现为法律规范还是道德规范的不同，生态制度也可分为生态法律制度和生态道德制度。生态法律制度，是指表现为法律规范的生态制度。生态法律制度具有法律制度的一切特征和效力。生态道德制度，是指表现为道德规范的生态制度。这样的生态制度没有强制力，其执行主要依赖于人们对环保的理解、信仰、信念等内心的力量，以及对破坏生态环境行为的谴责等道德行为。

　　生态制度必须是明确而具体的。生态制度的内容是很规范的，而且其条文内容准确而无歧义，内涵和外延十分确定。生态制度针对公民、法人或其他组织的行为做出规定，通常告诉人们应当做什么，不应当做什么，限制做什么，禁止做什么，做了禁止做的事情要承担什么样的法律责任。

　　生态制度应是法律性与引导性的统一。生态制度在很大程度上是法律制度。作为法律制度，生态制度具有法律制度的一切特性，如国家意志性、普遍约束力、可重复适用性、规范性、强制性等。生态制度主要是通过设定多种行为模式，来引导人们以符合生态环境保护要求的方式来利用生态环境，从事经济建设和其他开发活动，并告诫人们不得从事什么样的活动，否则，对违反有关规定的，将给予相应的行政处罚，触犯刑律的甚至还要追究其刑事责任，从而发挥其引导作用。生态制度的目的是合理限制人们的开发和建设活动，以保护自然生态环境，保证自然资源的永续利用，促进经济、社会和环境的协调可持续发展。

生态制度建设的目标是实现生态制度文明。生态制度文明，是生态环境保护和建设水平、生态环境保护制度规范建设的成果，它体现了人与自然和谐相处、共同发展的关系，反映了生态环境保护的水平，也是生态环境保护事业健康发展的根本保障。生态环境保护和建设的水平，是生态制度文明的外化，是衡量生态制度文明程度的标尺。生态制度文明必须满足三个条件：

第一，制定了促进生态文明的制度，而且这些制度规范是较为完善的。从内容上看，完善的生态环境保护制度，应当体现促进人与自然和谐发展，积极推动经济、社会、环境的协调可持续发展的内容。从本质上看，所制定的生态环境保护制度反映了生产力发展水平，反映了生态环境的现状和环境保护与建设的实际水平，既不滞后于实际，又不是盲目的脱离现实的超前。从立法技术看，制度规范含义言简意赅、通俗易懂、准确而无歧义。

第二，这些生态环境保护制度得到了较为普遍的遵守，人们熟悉生态环境保护制度，主动执行这些制度规范，主动与生态环境保护违法行为作斗争，人们的环境伦理道德水平较高。

第三，生态环境保护和建设取得了明显成效。生态环境保护制度得到了比较全面的贯彻执行。一方面生态环境保护主管部门依法行政，依法执法，运用生态环境保护制度进行有序管理，维护了正常的生态环境保护管理秩序；另一方面，人们在进行经济建设、从事其他开发活动的同时，认真主动执行生态环境保护制度，采取有效措施，恢复遭到破坏的生态环境，或者对已经使用受益的生态环境进行相应的补偿，从而使自己的经济建设活动和其他开发活动取得良好的生态效益。

制定和实施生态制度应当依据、遵守一定的规定、准则或法律基本精神，这就是生态制度的原则。根据生态环境保护法律、法规的规定，生态制度的原则可以归纳为：预防为主，防治结合；生态环境保护与生态环境建设并举；资源开发和环境保护并重；贯彻落实"谁破坏、谁恢复"的制度；自然生态资源利用与补偿、赔偿并重；污染防治与生态环境保护并重。在这些生态制度原则指导下，我国建立了以下生态制度：

第一，环境影响评价制度。是指对特定规划的编制和实施后，或者项目进行建设和投产使用后可能造成的环境影响进行分析、预测和评估，提出预防或者减轻不良环境影响的对策、措施和进行跟踪监测的方法与制度，并按法定程序报批的环境管理制度。可见，需要进行环境影响评价的范围，包括法律规定应当在编制过程中或报批前进行环境影响评价的规划和对环境有影响的建设项目。规划的环境影响评价作为规划草案的组成部分，一并报送规划审批机关；未编写有关环境影响的篇章或者说明的规划草案，审批机关不予审批。该制度是贯彻落实预防为主的环境管理思想的具体措施。

第二，"三同时"制度。环境保护"三同时"制度，即建设项目环境保护"三同时"制度，简称"三同时"制度，是指建设项目污染防治设施和措施必须与项目主体工程同时设计、同时施工、同时投产或使用的环境管理制度。这里的污染防治设施，包括污染物治理设施、污染源在线自动监控仪器、排污口自动计量装置、自动测流仪器等。

第三，排污申报登记制度。是指直接或者间接向环境排放水污染物、大气污染物、工业和建筑施工噪声、社会生活噪声以及固体废物的企业事业单位和个体工商户，按照国务院环保部门的规定，就排污的有关事项，向所在地环保部门进行申报，环保核准后予以登记注册的环境管理制度。

第四，生态环境保护许可证制度。是指行为人在从事法定的生产经营活动前必须到生态环境监督管理部门办理许可证的生态环境管理制度。

第五，生态恢复补偿制度。是指由法律规定的当事人对其因为生产经营或开发建设活动而破坏的生态环境依法予以恢复、赔偿，或者因使用生态资源环境而给予相应补偿的生态环境管理制度。

第六，限期治理制度。是指对违反规定造成生态环境严重污染或破坏的，由人民政府或者有关部门责令当事人在一定期限内进行治理，达到规定标准和要求的生态环境保护管理制度。这里所说的生态环境污染和破坏，包括因超标排污而造成生态环境严重污染或破坏，或者因未采取防沙治沙措施而造成土地严重沙化，或者因未采取有效的水土保持措施而造成水土流失，或者因从事的水事活动违反规划而造成江河和湖泊水域使用功能降低、地下水超采、地面沉降、水体污染，或者因占用耕地建窑、建坟，或者擅自在耕地上建房、挖沙、采石、采矿、取土等，破坏种植条件，或者因开发土地造成土地荒漠化、盐渍化的情况。

第七，清洁生产和清洁生产审核制度。清洁生产，是指不断采取改进设计、使用清洁的能源和原料、采用先进的工艺技术与设备、改善管理、综合利用等措施，从源头削减污染，提高资源利用效率，减少或者避免生产、服务和产品使用过程中污染物的产生和排放，以减轻或者消除对人类健康和环境的危害。清洁生产包括清洁的能源和原材料、清洁的生产过程和清洁的产品。我们还应当提倡清洁的消费即绿色环保消费。清洁生产审核制度，是指具有相应资质的机构或组织，依据排污企业的申请或政府有关部门的指定，按照规定标准，遵循规定程序，对企业生产和服务过程进行调查、分析和判断，找出能耗高、物耗高、污染重的原因，提出减少有毒有害物料的使用、产生，降低能耗、物耗以及废物产生的方案，进而选定技术、经济及环境可行的清洁生产方案过程的环境管理制度。

第八，环境保护行政代执行制度。是指在义务人拒不履行法定环境保护义务时，环保部门可以委托第三人代其履行，因此而产生的费用由义务人承担的行政法律制度或间接强制措施。

第九，落后生产工艺、技术、设备淘汰制度。是指国家有关部门对浪费资源和严重污染环境的落后生产、技术、工艺、设备和产品，制定并发布限期淘汰的名录，并在规定的期限内不得再生产、销售和使用的行政管理制度。

第十，应急处置制度。是指为提高政府保障公共安全和处置突发公共事件的能力，最大限度地预防和减少突发公共事件及其造成的损害，保障公众的生命财产安全，维护国家安全和社会稳定，促进经济社会全面、协调、可持续发展，而预先制定应对、处置突发性公共事件措施的社会应急制度。

第十一，生态环境补偿费制度。是指开发、利用生态环境资源，或在开发、利用过程中造成生态环境污染或资源破坏，当事人应当按照规定的标准，依照规定程序，缴纳一定数额金钱的行政管理制度。

除以上生态制度外，我国还实行草原禁牧休牧制度、休渔制度、捕捞限额制度等生态环境保护制度。

二、企业清洁生产

从前面的生态制度建设方面，我们发现，其中大多数的制度都是针对企业的。实际中，大多数的环境问题也都同企业的活动有关。企业在推动经济快速发展的同时，也带来了严重的环境问题。以我国为例，工业企业能源消耗比重接近70%，江河的污染有一半以上来自工业企业，大气污染90%来自工业企业。城市污染、农村污染大多也与企业行为或产品品质有关。因企业管理不善造成重特大环境事件屡有发生，严重危害人民群众身体健康。

所以，企业除了把自己的产品、自己的服务做好以外，应该随时考虑怎样能够为社会提供一些其他的服务，即应该承担与其相匹配的责任。而企业进行清洁生产就是最负责的行动。所谓清洁生产，就是指在产品生产过程或预期消费中，既合理利用自然资源，把对人类和环境的危害减至最小，又能充分满足人类需要，使社会经济效益最大的一种模式。

清洁生产最早是 1989 年由联合国环境署提出的。它的含义包括三个方面的内容：一是清洁的能源，包括常规能源的清洁利用；可再生能源的利用；新能源的开发；各种节能技术等。二是清洁的生产过程，包括尽量少用或不用有毒有害的原料；产出无毒、无害的中间的产品；减小生产过程的各种危险性因素；少废、无废的工艺和高效的设备；物料的再循环；简便、可靠的操作和控制；完善的管理等。三是清洁的产品，包括节约原料和能源，少用昂贵和稀缺的原料；利用二次资源作原料；产品在使用过程中和使用后不含危害人体健康和生态环境的因素；易于回收、复用和再生；易处置易降解等。

当前，我国的环境污染问题已经成为影响制约国家经济社会健康发展的重大问题，当我们贯彻科学发展、和谐发展，建设生态文明时，承担环境保护责任，构建生态伦理，企业责无旁贷。

从短期来看，企业履行环保社会责任，构建企业生态伦理可能要牺牲一部分眼前利益，比如增加污染处理的费用，更新使用更加节能环保的生产设备和生产工艺，赞助社会公益环保事业等等。从长远来看，倡导生态伦理与企业利益是互利共生的，企业履行环保社会责任是一种推进企业长远发展，实现生态生态效益和企业经济效益双赢的高姿态明智之举。

首先，企业的生态伦理建设有利于增强企业持续发展的能力。随着我国生态文明建设的逐步推进，相关的环保法律法规和市场机制将更加完善，那些环保不达标的企业将不会再有生存的空间，中国企业只有走技术进步、提高经济效益、节约资源的集约化经营道路，才能实现持续稳定的发展。为此，企业生产必须把"持续发展"作为总体目标，充分考虑到环境生态的维持，努力改善企业环保与发展的冲突关系，提高企业的环保能力和可持续发展能力。走可持续发展之路，是企业生态伦理的必然要求。

其次，建设企业生态伦理，绿色生产，绿色发展，已经成为中国企业获得参与国际竞争通行证的迫切需要。今天的中国经济已经同世界紧紧地联系在了一起，参与国际竞争已经成为中国企业发展的必然选择。然而，就是因为生态伦理的缺失，中国的产品屡遭"绿色壁垒"的阻挡，被挡在了发达国家的门外。因为西方国家环境保护意识较强，各种环境标准的制定和实施相比发展中国家而言比较完善。发达国家充分利用与发展中国家在环保方面的差距，以环境保护的名义构造出形形色色的绿色壁垒，以保持本国产品的竞争力，使国内市场免受冲击。我国由于长期以来忽视绿色产业的发展，盲目开发出口产品，放松对产品安全和防污标准的监督检验工作，没有形成无公害的管理体系，许多产品不符合环保标准。因此，只有强化企业生态伦理建设，才能使我国企业产品顺利进入国际市场，参与国际竞争。

再次，建设企业生态伦理，是企业树立公民形象，提升社会认同与支持，获得长远利益的重要选择。今天，中国民众的环保意识已然有了巨大的提高，中国人开始越来越注重企业的环境行为，关注企业的公民责任。一个在环保方面负责任的企业无疑会在社会公众心中留下一个良好的印象，优秀的企业公民将会受到公众的尊重、信任与支持，负责任的企业形象无疑会给企业带来竞争上的巨大优势，并促进其与消费者、政府和社会其他各方面的良好关系，实现企业更大更长远的利益。

倡导企业生态伦理，意味着企业主动承担起环保的社会责任，向社会表明了企业对待环境的态度，也是企业发展的必要需求。

自觉履行企业生态环保义务，建设企业生态伦理，首先要求我们的企业主动建立起明确的生态道德标准，在企业制定决策和生产经营过程中，明确什么样的行为符合生态道德，什么样的行为属于生态不道德，以生态道德标准来约束企业的行为。企业对环境造成的破坏，最终都可以归结为道德价值判断问题，优先考虑何种价值的问题及采取行动的意愿问题，所以是价值取向问题和意愿选择问题。

生态伦理建设要我们的企业必须建立起正确的企业生态伦理道德评价标准，学会用生态整体思维的方法去进行经济运作，除经济分析外，还要进行环境影响分析，在具体的生产过程中，从生产技术和工艺的使用到产品的开发，从产品的设计、组织生产、成品出厂到使用后的整个生产过程，都必须考虑到有利于环境的保护，把环境的安全作为企业战略的重要方面，主动承担建设生态文明的责任，实现生态伦理和企业效益的最优化。

生态伦理建设呼唤企业的自觉行为，要求我们的企业以生态绿色为导向，在绿色价值观的指导下，营造良好的企业生态文化，使企业组织内部形成浓厚的关心环境、爱护环境的企业生态伦理氛围，在外部树立企业关注环保、主动承担责任的优秀形象。企业作为社会组织，同样具有自己的价值取向和价值选择，无论是企业的经营者还是员工，其思想动机或是行为方式，都是依赖于企业特定的价值目标。而企业生态文化的创建，就是要营造这样一种道德氛围。首先提倡我们的企业家进行生态性决策，执行绿色领导力，做倡导企业生态伦理的典范；同时也要组织员工学习关于生态环保方面的知识，提高其生态意识水平，自觉树立尊重自然，科学发展的生态态度，形成自觉的生态责任感。

建设生态文明，发展绿色经济，绿色经济时代呼唤并要求我们的企业主动承担保护环境的责任，遵守生态伦理道德。除了追求利润、实现经济效益和社会效益之外，还需要考虑资源和环境，实现企业的环境效益，符合企业生态伦理要求。我们可喜地发现，越来越多的中国企业开始意识到自己所应承担的环境责任，对社会责任的认识和履行已经不仅仅停留在慷慨大方的慈善捐助上，而是积极转变企业生产和发展方式，积极投身环境保护的事业当中，努力做符合生态伦理要求和公众期望的企业公民。

三、发展生态农业

如果说企业的清洁生产主要从工业的角度来考虑生态伦理建设的问题，那么，农业发展过程中的生态伦理建设也是我们不能回避的。现代常规农业是依靠化肥和农药来解决农田营养问题和病虫及杂草控制问题。化肥和农药的施用是农业发展史上一次重大变革，它极大地提高了农作物的产量，缓解了全球的粮食紧张局面，为世界经济的稳步发展创造了条件。但是，化肥和农药的施用也带来了许多弊端，其中一个最大的弊端是造成了环境污染，导致农业生态系统的失衡。美国生物学家蕾切尔·卡逊的《寂静的春天》，就是揭示农药大量施用对环境造成的危害，并由此引发了现代环境保护运动。现在，人们越来越认识到，化肥和农药像一把双刃剑，对农业的发展既有有利的一面，也有不利的一面，因此必须对其做出全面正确的评估。

要控制化肥对环境的不良影响，既要控制其施用量，又要严格执行使用规程。目前国外实施一系列法定的一般预防性措施和农业技术措施：前者的方向是消灭不合理地使用化肥，控制其在环境中的积累，如利用有机肥在最佳时期按规定用量、用适合当地的方法施肥，在轮作中栽培过渡性作物，施用长效肥料等。一般预防性措施包括对肥料的正确运送、保存和施用等。

农药是消灭对人类和植物的病虫害的有效药物，在农牧业的增产、保收和保存以及人类传染病的预防和控制等方面都起很大的作用。但农药有其利也有其害。由于长期大量使用农药，空气、水源、土壤和食物受到污染，毒物累积在牲畜和人体内引起中毒，造成农药公害问题。为了防止农药的污染和危害，主要采取综合防治的方法，研究新的杀虫除害途径，联合或交替使用化学、物理、生物和其他有效方法，克服单纯依赖化学农药的做法。搞好农药安全性评价和安全使用标准的制定工作。对目前广泛使用的农药品种和剂型进行安全评价；并从急性、蓄积性和慢性的毒性，致突变性、致癌性、致畸性，联合毒性，对眼和皮肤刺激性和变态反应，农药代谢产物的毒性，农药的残留行为，对水生动物和益虫的毒性等等方面综合分析，全面比较。然后制定允许残留标准和安全间隔期。安全合理地使用现有的农药。搞好植物病虫害的预测预报工作，合理调配农药，改进喷洒方法和农药使用的性能，以便用药及时适量，提高药效，减少污染和防止产生抗药性，做到经济有效地消灭病虫害，并充分发挥农药的积极作用。发展高效、低毒、低残留的化学农药来代替剧毒和残留性高的农药。

　　除了要控制化肥和农药的使用，改善常规农业对环境造成的污染，另一个思路就是发展生态农业。所谓生态农业，就是以生态学理论为依据，在一定的区域内，因地制宜地规划、组织和进行农业生产。我们也可以说，生态农业就是要按照生态学原理，建立和管理一个生态上自我维持的低输入、经济上可行的农业生产系统，该系统能在长时间内不对其周围环境造成明显改变的情况下具有最大的生产力。生态农业以保持和改善该系统内的生态动态平衡为总体现化的主导思想，合理地安排生产结构和产品布局，努力提高太阳能的固定率和利用率，促进物质在系统内部的循环利用和多次重复利用，以尽可能减少燃料、肥料、饲料和其他原材料输入，以求得尽可能多的农、林、牧、副、渔产品及其加工制品的输出，从而获得生产发展、生态环境保护、能源的再生利用、经济效益四者统一的综合性效果。当前生态农业的概念和理论已得到世界上越来越多的国家的重视。走生态农业的道路，是当今世界农业发展的总趋势，所以不少人士认为，世界农业的发展已进入了一个新的发展阶段，即生态农业阶段。

　　生态农业在实践中所采用的技术措施主要是：

　　1. 应用现代农业机械，作物新品种、现代的良好牲畜管理方法和水土保持技术以及先进的有机废物和作物秸秆的管理技术。

　　2. 完全不用或极少使用化肥、化学农药、生长调节剂和饲料添加剂等化学物质。

　　3. 采用豆科绿肥和覆盖作物为基础的轮作，通常豆科作物占总面积的30%～50%，轮作形式与20世纪30年代到50年代的轮作制相似。

4. 绝大多数生态农场不用有壁犁耕作，通常使用凿形或圆盘形装置浅耕，只是将土壤混合一下，但不把土壤翻转过来。

5. 采用梯田、带状或等高作业等方式保持土壤免受侵蚀。

6. 氮素营养主要来源于豆科固氮、牲畜粪便和作物秸秆，只是对特别需氮的作物有限度地用一点化肥。

7. 农田杂草主要通过轮作、耕作和中耕除草来控制，极少用除草剂。

8. 病虫害主要通过轮作保护和天敌控制。

显然，这些具体做法就其单独而言并没有什么独特之处，有些是目前常规农业也在广泛采用的，有些是过去传统农业中使用的而现代的常规农业已不再使用了，但从特定的目的和指导思想出发将这些实践有机地配合起来，就形成了既不同于传统农业也不同于现代常规农业的生态农业。

在我国发展生态农业，是一条符合生态伦理要求并已取得一定成效的路子。我国的生态农业实践是在20世纪80年代初期开始的，经过20多年的努力，取得了一定的成效。在我国发展生态农业，有以下几条主要思路：

第一，采用立体种植，提高资源利用率。立体种植是在半人工或人工环境下模拟自然生态系统原理进行生产种植。它巧妙地组成农业生态系统的时空结构，建立立体种植和养殖业的格局，组成各种生物间共生互利的关系，合理利用空间资源，并采用物质与能量多层次转化手段，促使物质循环再生和能量的充分利用，同时进行生物综合防治，少用农药，避免重金属污染物或有害物质进入生态系统，最终实现生态效益与经济效益的结合，发挥系统的整体性与功能整合性。

第二，发展节水旱作农业。我国是一个水资源紧缺的国家，按耕地面积计算，亩均水资源只有世界平均水平的一半。全国年平均降水量 650 毫米左右，低于世界平均水平，而且降水时空分布不均。北方降水量在 600 毫米以下的干旱、半干旱及半湿润易旱区的国土面积占全国的 56%。另外，南方丘陵山区虽然年降水量比较充足，但由于地势地貌特点，加上降雨时段集中，蓄水设施跟不上和水土流失等原因，也经常出现季节性旱情，农业生产受水资源的制约很大。要使我国农业再上一个新台阶，必须加强农田基本建设，发展节水旱作农业。

第三，生产无公害农产品。无公害农业是 20 世纪 90 年代在我国农业和农产品加工领域提出的一个全新概念。它是指在无污染区域内或已经消除污染的区域内，充分利用自然资源，最大限度地限制外源污染物质进入农业生产系统，生产出无污染的安全、优质、营养类产品，同时，生产及加工过程不对环境造成危害。其核心就是农产品出自洁净生态环境、限制产品生产过程中化学制品的使用、加工过程符合相应操作规程而生产的食品。

第四，发展白色农业。"白色农业"是以细胞工程和酶工程为基础，以基因工程综合利用组建的工程农业。它具有生态农业的特征，即保护自然资源，保护生态环境。白色农业是利用微生物资源宝库，应用科技进行开发，创建微生物工业型的新型农业。传统农业以太阳为直接能源，利用绿色植物通过光合作用生产人类食物、动物饲料。"白色农业"与传统的绿色农业相比,其基本形态和生产模式都截然不同。"白色农业"依靠人工能源,不受气象和季节的限制,可常年在工厂进行大规模生产。因此,发展微生物工程科学,创建节土、节水、不污染环境、资源可循环利用的工业型"白色农业",是农业持续发展的重要途径。

第五,发展观光生态农业。观光生态农业是指以生态农业为基础,以观光旅游和休闲度假为主要目的,将农业资源利用、开发和保护集于一体,综合考虑生态上的合理性、技术上的可行性、经济上的有效性,强化农业的观光、休闲、娱乐和教育等功能,形成具有第三产业特征的一种新的农业生产经营方式,走既有利于促进农业资源优势向生态旅游优势转变、又有利于促进生态环境优势向经济发展优势转变的新路子。

四、公众参与环保

无论是建立生态制度本身,还是企业的清洁生产等过程,都需要有公众的参与。除此以外,环境的公共性、环境问题的公害性和环境保护的公益性,决定了环境保护从一开始就需要公众的参与,而且环境保护正是在公众的推动下发展与成长起来的。

20世纪40~60年代,洛杉矶光化学烟雾事件、伦敦烟雾事件、日本的水俣病事件等"公害事件"层出不穷,引起了人们对环境问题的关注。20世纪60年代以后,作为公众利益代言人的环境保护的非政府组织在各国大量出现。1970年4月22日在美国举行的"地球日"游行活动,是历史上规模最大、影响最广的一次环境保护方面的群众运动。

　　1972 年 6 月 5 日，联合国人类环境会议在瑞典的斯德哥尔摩召开，期间举办的非政府组织论坛共有 1000 多人参加，这次会议通过了《人类环境宣言》。但这次会议后，全球的环境恶化趋势仍然有增无减。1984 年英国科学家发现、1985 年美国科学家证实在南极上空出现"臭氧层空洞"，引起了新一轮世界环境问题的讨论。1992 年 6 月，联合国环境与发展大会在巴西的里约热内卢举行，期间举办的非政府组织论坛共有 165 个国家的 17000 人注册、30000 多人参会。会议签署了一系列纲领性文件和公约，充分体现了人类社会可持续发展的新思想。2002 年 8 月，联合国世界可持续发展首脑会议在南非的约翰内斯堡召开，在这次会议上共有来自 130 多个国家的非政府组织代表 50000 人参会。

　　20 世纪 80 年代以来，随着改革开放和经济持续高速发展，我国的环境污染渐呈加剧之势，特别是乡镇企业的异军突起，使环境污染向农村急剧蔓延，同时，生态破坏的范围也在扩大，环境问题已经成为我国经济和社会发展的难题。1973 年，我国第一次召开了全国环境保护会议，标志我国环境保护事业的起步与发展。1978 年 5 月，中国环境科学学会成立，这是最早由政府部门发起成立的我国第一个环保民间组织，中国环境科学学会在推动民间的环境科学学术交流与研究中发挥了积极的作用。之后成立了"自然之友"、"北京地球村"等民间组织，中国环保民间组织不断发展起来。截至 2005 年底，我国共有各类环保民间组织 2768 家，其中，政府部门发起成立的环保民间组织 1382 家，占 49.9%；民间自发组成的环保民间组织 202 家，占 7.2%；学生环保社团及其联合体共 1116 家，占 40.3%；国际环保民间组织驻大陆机构 68 家，占 2.6%。

公众参与不应该只停留在一般性的环境保护活动层面，而是应该积极投入到整个生态文明建设的过程中。这就要求不仅要参加实施生态文明发展战略的有关行动或有关项目，更重要的是人们要改变自己传统的思想观念，建立生态文明的世界观，进而用符合生态文明的方法去改变自己的行为方式。

以往的环境保护中的公众参与往往只停留在珍惜自然、爱护环境上；而生态文明的公众参与不但要求珍惜资源与环境，还要求在产品的生产与消费和废物的循环利用与处置等过程中合理操作，在追求效率与公平的同时，追求人与自然的和谐。这就涉及人们意识和观念的转变，要争取实现人类在代内和代际的公平福利。这种公平关系意味着穷人和富人都应参与生态文明发展进程，并且具有同等的参与权、分配权和发展权；意味着当代人和下代人都具有责任和权利，是多代人的共同参与。

就我国而言，公众参与环保需要政府系统在整个体系中发挥主导地位，通过政府的引导，让公众参与到环保工作中来。逐步建立良性的公众参与互动机制，最终保证主体系统各项权利和义务能够得到实现。

在公众参与环保的过程中，无论是公众，还是我们的政府等相关部门，都应该转变思想观念。公众参与环保是群众的权利，这个权利是国家法律赋予的，政府部门有义务给予回应和保护。公众参与环保事业，不是政府对群众的施舍，也不是过去那种以政府为主体动员组织群众运动的老观念，必须把环境保护的观念普及到公众中去，把环境保护行为落实到公众的行为当中，必须加强公众参与的深度和广度。

环境信息公开也是保证公众有效参与环保的一个前提。环境信息公开又称环境信息披露，是一种全新的环境管理手段。它承认公众的环境知情权和批评权，通过公布相关信息，借用公众舆论和公众监督，对环境污染和生态破坏的制造者施加压力。2008年5月1日起，《中华人民共和国政府信息公开条例》正式实施，这为我国的环境信息公开提供了法律保证。

公众要参与到环境决策中去。早在1997年，我国的《环境保护法》就规定："一切单位和个人，都有保护环境的义务，并有权对污染和破坏环境的单位和个人进行检举和控告。"2003年9月1日开始实施的《环境影响评价法》在推行环境决策民主化上意义深远。它规定政府机关对可能造成不良环境影响并直接涉及公众环境权益的专项规划，应当在审批前，通过举行论证会、听证会等形式，征求有关单位、专家和公众对环境影响报告书的意见。这意味着，群众有权了解、监督那些关系自身生活环境的公共决策，不让群众参与公共决策就是违法。

公众可以通过参与各类民间环保组织，为环保事业作出自己的贡献。民间环保组织在保护环境、宣传生态文明方面能起到特殊的作用。民间环保组织可以通过出版书籍，印刷资料，举办讲座，组织培训和网络、新闻媒体等各种方式开展环保的宣教活动。很多民间环保组织都在开展各种形式的活动，包括植树绿化、水质净化、大气污染的控制和处理、沙漠化防治、水土流失问题的治理、社区环境保护、资源再利用、保护生物多样性等。民间环保组织可以对政府与企业的环境责任开展社会监督，参与环境决策，积极建言献策，为实现国家的环境目标起到了积极的促进作用。

五、进行合理消费

公众除了积极参与环保事业，更重要的是要改变自己的思想观念。人类的合理消费是解决人与自然矛盾的必然出路。消费应当说是一种本然的生命现象，即只要生命有机体存在，消费活动就必然会存在。消费的意义并不仅仅是证明有机体活着的一种方式，而是一种重要的价值活动，所以从价值的意义上来思考消费问题在人类思想史上是一个传统。在各种观点中，对于消费的看法可以归纳为主张放纵消费和主张节制消费这样两大类型。进入现代社会后，伴随着资本主义社会消费文化的兴起和泛滥，对于人类的消费活动进行理性反省和批判正逐渐成为了一种文化现象。

消费的畸形化，导致了生活本真意义的丧失，也是环境恶化的一个十分重要的原因。人的消费欲望的畸形膨胀必然会导致对自然界的加重破坏，或者为了维持一种高消费状态必然维持对自然界的过度掠夺。所以当生态问题日益得到关注的时候，对消费现象展开"绿色批判"和"绿色导向"也就必然成为一种理论上的时尚。

美国学者艾伦·杜宁指出，在今天的世界上，所谓幸运者与不幸者的差别完全体现在物质消费上，因而也完全体现在他们对自然界影响的差别上。在消费社会中，不断上扬的消费指示线也成为了环境危害高涨的指示线，所以高消费的社会绝非是人类生活的一个福音。特别是当环境问题与消费问题取得联系之后，人们就必须做出这样认真的反思：对于人的消费欲望来说，多少算够呢？地球能支持一种什么水平的消费呢？拥有多少的时候才能停止增长而达到人类的满足呢？人们在不使这个星球的健康状况受损的情况下，是否可能过一种舒适的生活呢？从地球的承载能力而不是从购买能力的角度看，全世界的人是否都能拥有诸如冰箱、烘干机、汽车、空调、恒温游泳池、飞机和别墅呢？

通过思考和反省，人们必须认识到，全球环境不可能维持所有人都过一种奢靡的生活。绿色产品在全球的风靡，说明人们的消费价值观发生了重大的调整，消费的基准变得多样化了，其中以合乎环境保护的需要来调控人们的消费行为的价值标准正在生产和生活的众多领域中确立起来。提倡生态消费，建立绿色产品开发市场和生产体系，在更大程度上来调动和满足人们的生态需要已经成为世界各国普遍关注的问题。

从生态伦理学的角度出发制定"合理消费"的道德规范以调控人们的消费行为是非常重要的。对消费的评价必须从质和量这两种规定性上来把握。所谓消费的质的规定性主要是指，虽然消费是有机体存在的必要条件，但是它只能构成人存在和发展的一种手段，并不是生活的最终目的，消费必须服从于人的发展完善这一主题，而决不能为消费而消费，使人沦为一架消费机器。所谓消费的量的规定性主要是指，消费在量上总是要受到生产力发展水平的制约，人的消费水平必须受制于人口的数量、产品的数量以及现实的生产关系和生产对象诸多因素的限制，要真正实现生产与消费的协调必须理顺上述各种关系。生态伦理学的合理消费的道德规范的主要要求是消费文明化、消费无害化、消费适量化。

消费文明化主要是指：第一，应当使物质方面的消费和精神方面的消费保持均衡协调，既要满足人们物质方面的需要又要满足人们精神方面的需要，尤其应把精神需要的满足放在非常重要的地位，重视人的精神陶冶和境界的提高。第二，应该使消费成为个人自我发展的条件，而不能将其看成是生活的目的，要摒弃"消费至上"的价值观念。第三，应该遏止消费陋俗的抬头。消费陋俗主要是指一些已经过时了的、糟粕性的消费习惯或带有迷信性、炫耀性、奢侈性的消费现象，它们的存在必将毒化整个社会的消费领域，产生一系列的消极影响。

消费无害化要求对人的整个消费活动——从消费品的设计生产、包装出售到被人以各种不同的方式消费掉都要进行监控，不要对环境造成污染或力求将污染降低到最低限度。这里所说的监控既包括技术、工艺上的，也包括责任和良心上的。而今，由于人们的短视，消费活动已经对自然环境造成了很大的污染破坏，如由于在消费品的包装上多是采用自然界难以分解的包装材料，导致了今天对堆积如山的生活垃圾进行无害化处理的困难。还应当引起高度注意的是，在消费文化得到张扬的社会氛围中，许多畸形的猎奇性消费正在直接地给生态环境造成极大的破坏，如今天专门捕获、销售、宰杀野生动物特别是珍稀野生动物的行为已演化成为一股"黑色狂潮"：从中国的台北到巴西的里约热内卢，从哥伦比亚的大都市渡哥大到大作家卡夫卡的诞生地捷克首都布拉格，野生动物的非法交易和走私生意似乎愈做愈红火。人类的贪婪行为使得每年有 20 多万只野生动物受到伤害，对生态平衡的破坏性影响是非常大的。

消费是否适量主要由如下几个因素所决定：首先是消费者的消费承受能力；其次是消费者的消费需求层次排列是否合理；再次则是消费者的规模消费系数增长是否适当。因此提倡适量化的消费就是要求人们要量力消费，不能吃"过头粮"，用"过头钱"；同时必须加强社会宏观引导，使人们建立起一种科学合理的消费结构，不能一味地迎合人们的消费，而应当把注意力放在引导人们选择正确的消费方式上；另外要通过多方努力，使人们的规模消费水平保持适当的增长幅度。不能单纯地把消费数量增长的指标作为衡量社会进步和个人生活进步的唯一标准。

六、控制人口规模

如果说提倡合理消费是生态伦理学在现实的直接层面上所提出的道德要求，那么控制人口则是协调人与自然关系的根本举措，因为"人类发展的历史，说到底，是人类同自然环境关系的历史"。

人口和环境作为自然界中一对既互相对立，又相互协调、共同发展的矛盾统一体，贯穿于社会发展的每一阶段，伴随着社会发展的始终。也就是说，不管是人与自然的和谐还是生态环境的稳定，都不过是以人口在数量和质量上与自然环境的承载力保持着适当关系为条件的，所以，当生态伦理学把人与自然的和谐作为一种根本价值目标时，也就必然会在人口的繁衍问题上提出道德要求。

人们对人口问题的关注由来已久，思考问题的视角也多种多样。把人口与环境问题联系起来思考，在英国经济学家马尔萨斯那里，则是通过分析人口增长和土地生产力之间的动态关系来进行的，从而首开了研究人口增长对环境影响的先河。马尔萨斯通过关于人口呈几何级数增长与生活资料呈算术级数增长的对比分析，认为在人口过剩不可避免的情况下必须抑制人口的增长。在抑制人口增长的具体方法上，他提出了预防性的抑制和积极抑制的方式，并认为人们由于对养家糊口的忧虑所产生的主动节育的预防性抑制方式必将取代巨大的苦难和死亡。他还特别提出了"道德抑制"的问题，"当把道德抑制应用在社会现在探讨的问题上时，可以给道德抑制下一定义，就是出于谨慎考虑，在一定时间内或长久地不结婚，并在独身期间性行为严格遵守道德规范。这是使人口同生活资料保持相适应并且完全符合道德和幸福要求的唯一方法"。

马克思和恩格斯尽管对马尔萨斯的理论进行了多方面的批判，但是仍然肯定马尔萨斯关于人口过剩的思想是对一种客观事实的描述，同时也肯定了他关于人口同生活资料保持适当的关系的观点。马克思和恩格斯在关于人口与环境的问题的阐述上则主要是从物质生产资料和人口自身生产的关系来进行的，认为物质资料生产和人口自身的生产若保持恰当的比例关系就会形成现实的生产力，反之这种比例关系失衡，特别是当人口自身的生产能力远远大于社会所能提供的物质资料生产能力时，往往就会对环境施加巨大的压力。

20世纪中叶以来，随着人口增长对环境恶化的直接影响不断增强，人口环境问题开始成为不同思想流派交流、碰撞、融合的重要话题。从生态伦理学的视角来看，控制人口的伦理依据主要在于：

第一，人类的生育行为不只是受到个人主观意愿的控制，也不是单纯地受社会因素的控制，而且还要受到自然因素的控制。也就是说，自然规律使得世界上的任何物种只能保持一定的数量，这对于人类来说也概莫能外。所以必须从尊重或服从生态规律的角度来认识控制人类的生育行为所承担的责任和义务。

第二，如果不控制人类的生育行为，那么，实现生态伦理学所提出的利益公正的基本原则就是一句空话，因为人口的急剧增长既无法实现人类代际间的利益公正，又必然加剧代内之间的矛盾和冲突，更无法使广大妇女获得公平地参与社会活动、参与环境和资源管理的机会。

第三，如果不控制人类的生育行为，要摆脱今天的生态危机是非常虚幻的。人口的增加无法遏止对土地的开发和过度使用，也无法阻止森林资源的锐减、水资源的短缺、粮食危机等一系列问题的产生，最终必然使得在人口增长的巨大压力下环境的承载阈限被突破，导致生态恶化的局面难以挽回。因此从降低人口对环境的压力着眼，人类需要形成"生育良心"。

在生态伦理学中，控制人口这一道德规范总是把控制人口的数量和提高人口的质量这两种要求包容在一起，而在实际的意义上，也无法将这两者分开，因为只有控制人口数量才有条件来谈提高人口的质量问题；反过来，控制人口的数量又必须以一定的人口素质为条件。

同时在生态伦理学中，不仅在人口数量的控制上要增加一种"生态"视角，在人口质量的分析上同样也要增加这样一种视角。在相当长的时间里，人们总是过多地考虑遗传或营养成分对人口质量的决定作用，常常忽略环境因素对人口质量的影响，这不能不说是一种短视。

实际上，自然因素对人口质量的影响可以伴随着生命的始终。目前，许多国家的医学家都以大量可信的实验数据告诫人们，广泛使用杀虫剂对环境的破坏性影响可以导致男性的精子数量减少，质量降低，使不育症患者增加，同时也容易导致女性乳腺癌的发病率提高。当胎儿在母体中孕育的时候，环境因素的影响也是至关重要的，环境污染常常导致胎儿发育不良，是造成胎儿早产、畸形的重要因素，及至生命呱呱落地，从懵懂幼儿到年迈老者，都会直接受到自然因素的影响，自然环境关涉到个人的性格、灵性、心理、健康等诸多问题。当我们把人生的内涵进一步扩大时，自然因素的渗透性就更加广泛了。

对人口与环境的关系必须从一种动态的变化的视角来进行把握，机械地谈论两者之间的矛盾和统一都是不科学的。从人类生存的现实性上来说，人口与环境的矛盾是客观存在的，而且有激化的可能性，但是如果人类从解决这种矛盾的主要方面入手，即从控制人口入手，人类将会拥有一个美好的明天。所以生态伦理学所提出的控制人口的道德规范改变了传统伦理学中人口伦理的视角，它不是从象征意义上来思考生命诞生的意义，也不是从人口增加对所在家庭、社会所带来的影响的角度来思考问题，而是从整个人类的生存着眼，从摆脱现实的生存危机着眼来提出对人类生育行为的道德要求，所以它更具有一种现实精神和实践品格。

七、维护世界和平

和平是人类古老而永恒的价值期望，因而很早就赋予了它某种道德规定性。在传统的伦理视野中，和平的主要要求就是中止战乱，使人们能够拥有一片安宁和谐的生存空间。在生态伦理学中，之所以把维护和平也作为一种道德规定提出来，是因为实现和平是实现人与自然和谐的重要保障条件。

自古以来，和平的最大敌人就是战争。战争造成家破人亡，无数生灵遭受灭顶之灾。但是战争的起因与后果又常常与环境因素联系在一起，一方面在战争过程中，自然环境的破坏在所难免，无数山林毁于战火，无数粮田被荒废，而且战争所造成的消耗和浪费是人类任何生产和生活方式都难以企及的，所以有学者指出，西方社会所盛行的一次性消费方式应该是从战争中借来的灵感；另一方面则是，对资源的掠夺自古以来就是诱发战争的重要因素，而在现代社会中这一问题将更加突出。

德国历史学家弗里茨·费希尔就指出，德国发动第一次世界大战的一个非常明显的动机就是掠夺原料，主要意图就是占有法国和德国交界地域的属于法国的洛林富铁矿，以及乌克兰的铁矿、煤矿、锰矿和比利时、土耳其、非洲殖民地的资源。

第二次世界大战的爆发也与资源的掠夺密切相关，因为资源利用上的紧张以及资本主义国家在自然资源占有上的不均衡是德、意、日铤而走险的重要原因。

20 世纪上半叶经历的两次世界大战，时间长达十几年。第一次世界大战有 33 个国家共 15 亿人被卷入战争，占当时世界总人口的 3/4；共有 1300 万军人阵亡，相当于过去 1000 年间欧洲所有战争中阵亡人数的总和，而且由于战争所引起的饥饿和灾难又夺去了 2000 多万人的生命；战争耗费折合共计 3321 亿美元，人力物力消耗之巨由此可见一斑。第二次世界大战无论是参战国家数、卷入战争的人口总数，还是死亡人数、物资消耗数都大大超过第一次世界大战：参战国家达到 61 国，世界 4/5 的人口被卷入战争，战争中死亡人数达 5000 万，所蒙受的财产损失为第一次世界大战的 13 倍。

进入 20 世纪 50 年代以后，随着环境污染以及能源枯竭的进一步加重，自然资源的重要性对任何一个民族和国家来说都非往日可比，因而自然因素往往是诱发战争和冲突的导火线，这一点在现代社会中已经愈益明显。如 1954～1964 年，法国在阿尔及利亚发动战争就是为了夺取那里的石油资源；1967 年所爆发的第 3 次阿以战争与共同管理约旦河流域的水资源和土地资源密切相关；1970 年的西撒哈拉战争，则是由于摩洛哥多年需要这里的磷酸盐矿；1960～1964 年的刚果内战，主要是为了争取加丹省的各种贵重金属矿藏；1982～1985 年，以色列入侵黎巴嫩也与以色列企图夺取水资源有密切关系；美国在 1991 年和 2003 年对伊拉克发起的战争显然也有资源争夺的考虑。这一切都充分说明，在现代社会中，战争的实质更凸现为一个国家和地区为了争夺某些自然资源所采取的一种剧烈手段。

由上所述不难理解，只有实现世界的和平才能够保障人类公平、和谐地享有或管理地球的自然资源，也才能够使得在当今日益严重的生态危机面前共同地承担责任，共同地履行义务，而杜绝隔岸观火、趁火打劫的不道德行为。

所幸的是，尽管这个世界上曾经无数次地燃起战火，但是要求和平的声浪能够从历史的深处穿透时空的界限，响彻古今，响彻全球。奥运会的发端就是为了制止战争，赢得和平。因为古希腊规定，奥运会期间停止一切战争，不允许任何武装进入奥林匹克圣地。进入近代社会以后，和平的旗帜被举得更高。1815 年，美国人大卫·道奇在纽约创办了世界上第一个和平协会；1830年，欧洲和平协会在日内瓦宣布成立；1843 年，国际和平运动大会在伦敦召开了第一次代表大会。虽然进入 20 世纪以后，战争的魔爪曾两次将人类拖入苦海，但是人们要求和平的愿望也因此而更加强烈。

在禁止核武器、限制常规武器、争取裁军的问题上，世界各国人民达成了广泛的共识，使世界和平的力量超过了战争的因素。今天人们更加坚信，只有消除战争才能够实现人与人之间的和谐以及人与自然的和谐。所以在生态伦理学中，维护和平的道德价值就主要体现为维护人际和谐的正义性和维护生态稳定的正义性。

八、建立自然保护区

如果说，企业生产控制，人口、消费控制等上述努力是从人类自身行为的角度来解决人与自然的紧张关系，那么，建立自然保护区就是人类从自然的角度来进行生态伦理建设的途径。实际上，只有从"人"与"自然"两个方面入手，才能最完整地解决"人与自然"的问题。

自然保护区是指对有代表性的自然生态系统、珍惜濒危野生动植物物种的天然集中分布区、有特殊意义的自然遗迹等保护对象所在的陆地、陆地水体或者海域，依法划出一定面积予以特殊保护和管理的区域。

自然保护区的结构由核心区、缓冲区和实验区组成，这些不同的区域具有不同的功能。

核心区是自然保护区的精华所在，是被保护物种和环境的核心，需要加以绝对严格保护。核心区具有以下特点：自然环境保存完好，自然景观十分优美；生态系统内部结构稳定，演替过程能够自然进行；集中了本自然保护区特殊的、稀有的野生生物物种。

核心区的面积一般不得小于自然保护区总面积的三分之一。在核心区内可允许进行科学观测，在科学研究中起对照作用。不得在核心区采取人为的干预措施，更不允许修建人工设施和进入机动车辆。应禁止参观和游览的人员进入。

缓冲区是指在核心区外围为保护、防止和减缓外界对核心区造成影响和干扰所划出的区域，它一方面是为了进一步减缓核心区受到侵害，另一方面是为了进行经过管理机构批准的非破坏性科学研究活动。

实验区是指自然保护区内可进行多种科学实验的地区。实验区内在保护好物种资源和自然景观的原则下，可进行以下活动和实验：有计划地发展本地所特有的植物和动物资源，建立栽培和驯化试验的苗圃、种子繁育基地、树木园、植物园和野生动物饲养场；建立科学研究的生态系统观测站、标准地、实验室、气象站、水文观察点、物候观测站，用收集到的数据和资料对生态系统进行对比和研究；进行大专院校的教学实习，设立科学普及教育的标本室和展览馆及陈列室、野外标本采集地；进行生物资源的永续利用和再循环方面的实验研究；旅游活动。

根据自然保护区的主要保护对象，将自然保护区分为自然生态系统自然保护区、野生生物类自然保护区、自然遗迹类自然保护区三个类别，这三个类别又可具体地划分为九个类型。具体类属关系见下表：

	森林生态系统类型自然保护区
	草原与草甸生态系统类型自然保护区
自然生态系统类自然保护区	荒漠生态系统类型自然保护区
	内陆湿地和水域生态系统类型自然保护区
	海洋和海岸生态系统类型自然保护区
野生生物类自然保护区	野生动物类型自然保护区
	野生植物类型自然保护区
自然遗迹类自然保护区	地质遗迹类型自然保护区
	古生物遗迹类型自然保护区

自然保护区的主要功能是通过它使人类认识和掌握自然界变化的规律及人和自然之间的协调关系，以便更合理地开发自然，使自然资源得以永续利用。自然保护区的作用主要有以下几个

方面：

第一，生物多样性作用。自然保护区的存在是为了实现最佳的生态效益，自然保护区有使多种多样的生物物种和自然群落，在其面积范围内使之生存和繁衍并能自然平衡发展的功能。同时自然保护区内还含有多种地貌、土壤、气候、水系以及独特人文景观的单元。

第二，改善环境作用。保存完好的天然植被及其组成的生态系统，有助于保持水土、涵养水源、调节地方气候，使生态过程正常进行，对地区环境的改善起着良好作用。特别是在生态系统比较脆弱的地域建立的自然保护区，对于环境保护更有重要的作用。许多自然保护区内生长着茂密的原始森林，而森林涵养水源的作用是巨大的。森林能阻挡雨水直接冲刷土地，减低地表径流的速度，使其获得缓慢下渗的机会。森林同时能吸收有毒气体、杀菌和阻滞粉尘的作用。林木能在低浓度的范围内吸收各种有毒气体，使污染的空气得到净化。

第三，环境监测作用。自然保护区内的野生动植物中有许多种类是反应环境好坏的指示物，它们对空气、水文和植被等污染破坏状况十分敏感，定位定点对自然保护区这些生物指示物受危害的程度进行观察可起到监测环境的作用。

第四，科学培育作用。众所周知，人类社会中所见到的园林花卉和家畜、家禽都是由自然界野生物种中培养和驯化选育而来的。随着科学的发展，对某些珍稀动物或植物进行科学的培养和繁育，使之为人类提供新的更多的优质品种，也是自然保护区开展的一项实验活动。

第五，宣传教育作用。自然保护区是活的自然博物馆，是向群众普及自然界知识和宣传自然保护的重要场所。

九、进行国际合作

人类共同生活在一个地球上，陆地、水体和大气的连接、传递，使地球各部分之间进行能量和物质的交换，因而一个地区的变化往往会影响到另一个地区乃至整个地球。人与自然关系的问题，是一个全球整体性的问题，它具有全方位、全因子、整体问题与局部问题交叉和互助促进、既有当前症状又有滞后效应等特点。这些特点决定了，要建立和谐的生态伦理，就必须加强国际性的合作和交流。

在治理、保护环境的长期实践中，国际社会对环境与发展之间的关系有了逐渐深刻的认识，更加清醒地看到，为有效解决环境问题，必须溯其根源，在人类社会、经济发展进程之中寻找保护环境的最佳途径。将环境与发展对立起来，孤立地就环境而论环境，只能是缘木求鱼，不仅不能有效地保护环境，还会阻碍经济发展和社会进步。

在这一基础之上，国际社会在环境与发展领域中的基本共识也在不断增长。"只有一个地球"、"为了全人类千秋万代的共同利益"，"持续发展"等基本思想已被普遍接受，为开展切实有效的国际合作打下了良好的基础。

但同时应该指出，有了合作的基础，还仅仅是开始。从认识上的趋同到合作果实的收获之间，还有很长的艰难的路，还有许多问题需要解决，众多障碍有待克服。事实上，在环境保护的国际合作领域，各个不同的国家存在着相当大的分歧。在解决全球环境问题的过程中，需要确立以下基本原则：

第一，环境保护与经济发展协调发展的原则。经济发展和社会进步必须以良好的生态环境和可持续利用的自然资源作为基础，而且只能在社会、经济的不断发展进程中，寻找切实解决环境问题的道路。环境保护自身并不是目的。人类的最终目的是让包括子孙后代在内的全人类在美好的环境中享受美好的生活，不能因为经济发展带来了某些环境问题而因噎废食，消极地保护环境而放弃经济、社会发展。因此，必须兼顾保护环境和持续发展、眼前利益和长久利益、局部利益和整体利益，结合各自的具体国情来寻求环境与经济的同步、协调、持续发展。

第二，发展中国家需要的原则。每个国家都应根据自己经济、社会和文化条件的适应能力，决定改善环境的进程。对于发展中国家来说，贫困和不发达是环境退化的最根本原因。这些国家常常是使用了发达国家提供的过时的、有害环境的技术来实现发展，加剧了环境退化，进而又破坏了发展进程，使贫困、人口过度增长、环境持续恶化之间呈现出恶性循环。中国认为，打破这一恶性循环的根本出路在于保持适度经济增长，消除贫困，增强保护环境并积极参加国际环境保护合作能力。要求发展中国家在忍受贫穷与饥饿痛苦的情况下片面保护环境是不现实的。因此，有必要按照公平原则在加强南、北合作的大框架内来探讨国际环境合作，建立起一个有利于各国尤其是发展中国家实现可持续发展目标的国际经济新秩序。

另外，就许多发展中国家来说，土地退化、沙漠化、水旱灾害、水质恶化与供应短缺、海洋资源恶化、水土流失、森林破坏和植被退化等问题已构成严重的环境危害，也是全球环境问题的一个重要部分。对发展中国家来说，这些环境问题已成为严重制约经济发展的障碍，在一定意义上说比气候变化、臭氧层耗损等全球性环境问题更为现实和迫切，应予优先考虑解决。

地球生态环境是一个不容分割的整体。如果目前主要困扰发展中国家的具有明显区域性特征的环境问题得不到解决，最终将对全球环境产生不利影响。国际社会虽然提出或通过了一些行动计划，但尚未采取具体行动有效地加以实施。中国一直呼吁国际社会对此应有足够的重视，并落到实处，特别是为此建立充分的国际资金机制。

第三，共同的但有区别的责任原则。保护地球生态环境是全人类的共同责任，但同时应该明确导致目前地球生态环境退化问题的主要责任和治理这些问题的主要义务。自产业革命以来，发达国家在实现工业化的过程中，不顾后果地利用环境和资源。目前存在的诸如温室气体的不断增加这类的环境问题主要是这种行为的累积恶果，广大发展中国家在很大程度上是受害者，尤其是处于岛屿和低地的发展中国家。直到目前，发达国家仍是世界有限资源的主要消费者和污染源。因此，国际环境保护合作必须遵循"共同的但有区别的责任"的原则，发达国家有义务在率先采取有关环境保护措施的同时，为国际合作做出更多的切实的贡献。

第四，尊重各国主权、互不干涉内政的原则。环境保护领域的国际合作应以主权国家平等的原则为基础，当今世界各国国情不同，经济模式各异，各国只能根据自己的具体国情，结合其经济、社会发展现实来选择发展道路，确实保护自身环境并有效参加国际环境与发展领域的合作。因此，发展中国家有权根据其发展与环境的目标和优先顺序利用其自然资源。对于中国这样人口众多的农业国来说，从解决 12 亿人的吃饭问题和社会的稳定、人民的安居乐业角度考虑，中国必须重视农业的发展及粮食的自给。同时我们制定并实施了符合中国国情的工业发展方针，在比较短的时期内建成了一整套工业体系，发展了经济，大幅度地提高了人民的生活水平，在这一过程，中国政府已确定并贯彻了环境与经济协调发展的方针，使环境保护事业得到稳定的发展。

因此，发达国家不能把环境保护方面的要求作为提供援助的附加条件，更不能以保护环境为由干涉发展中国家内政或将某种社会、经济模式或价值观强加于人。任何此类干涉内政的做法，都是违背公认的国际法准则的，并将从根本上损害国际社会在环境保护领域中的合作。

第五，发展中国家的广泛和有效参与的原则。目前，在国际环境领域中，存在着发展中国家的有效参与不足、声音得不到充分反映的不正常局面，国际社会对此应给予充分的重视，并采取切实措施改变这种状况。众所周知，离开了占世界人口绝大多数的发展中国家的有效参加，治理和保护地球生态环境的目标是无法实现的。如果发达国家能做出积极的、建设性的和现实的态度，使广大发展中国家广泛、有效地参与国际合作，并尽自己的努力，那么发展中国家就能和发达国家一道，共同为自己和后代开创一个更加美好的未来。